ISBN 978-3-662-23839-4   ISBN 978-3-662-25942-9 (eBook)
DOI 10.1007/978-3-662-25942-9

Die in den Sitzungsberichten Abt. I und Abt. II der math.-nat. Klasse der Österr. Akad. d. Wiss. erscheinenden Abhandlungen werden auch einzeln abgegeben. Sie können durch jede Buchhandlung oder direkt durch die Auslieferungsstelle der Österreichischen Akademie der Wissenschaften (Wien I, Singerstraße 12) bezogen werden.

Nachfolgende Abhandlungen aus dem Fach **Physik** sind erschienen:

1950 (1950) (S II a, Bd. 159):

Blau Marietta: Bericht über die Entdeckung der durch kosmische Strahlung erzeugten „Sterne" in photographischen Emulsionen, 4 Seiten. S 4.—

Danninger R. und Sirk H.: Theorie des in einer magnetisch abgelenkten Glimmentladung auftretenden Druckgefälles, 4 Seiten. S 3.40

Feuchtinger K.: Ableitung des zweiten Hauptsatzes für reversible Prozesse (mit 2 Abbildungen). S 3.40

Glaser W.: Zur wellenmechanischen Theorie der elektronenoptischen Abbildung (mit 2 Abbildungen), 63 Seiten. S 58.—

Haupt H.: Über Phasenkoeffizienten und Albedo der kleinen Planeten Ceres, Pallas, Juno und Vesta, 20 Seiten. S 21.60

Hess V. F: Persönliche Erinnerungen aus dem ersten Jahrzehnt des Instituts für Radiumforschung, 3 Seiten. S 4.—

Hevesy G. v.: Erinnerungen an die alten Tage am Wiener Institut für Radiumforschung, 2 Seiten. S 4.—

Meyer St.: Die Vorgeschichte der Gründung und das erste Jahrzehnt des Institutes für Radiumforschung, 26 Seiten. S 4.—

Paneth F. A.: Aus der Frühzeit des Wiener Radiuminstituts. Die Darstellung des Wismutwasserstoffs, 3 Seiten. S 4.—

Przibram K.: 1920 bis 1938, 7 Seiten. S 4.—

Rieder W.: Der Szilard-Chalmers-Effekt mit langsamen und schnellen Neutronen mit 5 Abbildungen), MIR Nr. 462, 14 Seiten. S 13.—

Wieninger L. und Adler N.: Über die Verfärbung von nat. Steinsalzkristallen durch Bestrahlung mit α-Teilchen von RaF (mit 7 Abbildungen), MIR Nr. 472, 12 Seiten. S 13.80

Wieninger L.: Über die Bestrahlung natürlicher, gefärbter Steinsalzkristalle mit α-Teilchen von RaF (mit 7 Abbildungen), MIR Nr. 466, 15 Seiten. S 15.—

Wieninger L. und Adler N.: Über den Einfluß der Erwärmung auf das Absorptionsspektrum des mit RaF-x-Strahlen verfärbten Steinsalzes (mit 7 Abbildungen), MIR Nr. 467, 11 Seiten. S 9.60

Wieninger L.: Über die Verfärbung von gepreßten Steinsalzkristallen durch Bestrahlung mit α-Teilchen von RaF (mit 5 Abbildungen), 12 Seiten. S 9.60

1951 (S II a, Bd. 160):

Bernert Traude: Radiumbestimmungen an Tiefseesedimenten (mit 3 Abbildungen), MIR Nr. 483, 12 Seiten. S 6.30

Böhm W.: Kolloide und Farbzentren in additiv verfärbtem Steinsalz (mit 5 Abbildungen), 18 Seiten. S 8.—

Brukl A., Hernegger F. und Hilbert Hermine: Zur Kenntnis neuer in der Natur vorkommender α-Strahler (mit 9 Abbildungen), MIR Nr. 482, 17 Seiten. S 5.50

Mayerl Margarete: Bestimmungen der optischen Konstanten des Calciums und Anwendung der Mieschen Theorie auf die Verfärbung des Flußspates (mit 5 Abbildungen), 7 Seiten. S 3.50

Wieninger L.: Ein Beitrag zur Klärung der Frage nach Wesen und Ursprung der Violett- bzw. Blaufärbung natürlicher Steinsalzkristalle (mit 13 Abbildungen) MIR Nr. 474, 33 Seiten. S 10.50

1952 (S II a, Bd. 161):

Begemann F. und Houtermans F. G.: Herstellung einer Radium-D-E-F-Standard-Lösung, MIR Nr. 492, 4 Seiten. S 3.40

Brandstaetter F.: Bemerkungen über H. Maches Methode zur Bestimmung des Diffusionskoeffizienten von Luft in Wasser (mit 4 Abbildungen), 23 Seiten. S 13.—

Hawliczek F.: Eine stabilisierte Kaskadenhochspannung für den Betrieb von Geiger-Müller-Zählrohren (mit 10 Abbildungen) MIR Nr. 485, 8 Seiten. S 9.—

Einfluß von Punktdefekten auf die Elektronenstruktur von Kupfer und Aluminium

Von

F. Stangler

II. Physikalisches Institut der Universität Wien

(Mit 27 Abbildungen)

(Vorgelegt in der Sitzung am 22. März 1962)

Da es sich bei Metallen um kristallisierte Festkörper handelt, können gewisse Eigenschaften des ungestörten Idealkristalls theoretisch berechnet werden. Die Eigenschaften des Realkristalls weisen jedoch gegenüber denen des Idealkristalls zum Teil sehr erhebliche Abweichungen auf, die auf das Vorhandensein von Gitterbaufehlern zurückzuführen sind. Der Erforschung dieser Gitterfehler kommt daher eine sehr große Bedeutung in der Festkörperphysik zu.

Prinzipiell lassen sich die Gitterfehler in zwei Gruppen teilen: lineare und flächenförmige Defekte (Versetzungen) sowie Punktdefekte. Während Versetzungen schon seit einiger Zeit zur Klärung der plastischen Verformung und des Kristallwachstums erfolgreich verwendet werden, ist die Bedeutung der Punktdefekte bei Metallen erst in neuerer Zeit, hervorgerufen durch das Studium von Bestrahlungsschäden, erkannt worden. Es hat sich gezeigt, daß durch den Einbau von Punktdefekten eine ganze Reihe mechanischer und elektrischer Eigenschaften von Metallen beeinflußt wird. Durch das Studium der Änderung dieser Eigenschaften beim planmäßigen Einbau von Punktdefekten können Schlüsse auf das Vorhandensein und die Eigenschaften dieser Gitterfehler gezogen werden. Da jedoch die meisten dieser Meßverfahren nicht für eine Art von Punktdefekten spezifisch sind und es selten gelingt, nur eine Art von Gitterfehlern einzubauen, ist die Zuordnung einer auftretenden Änderung zu einer bestimmten Fehlerart meist schwierig.

Ziel der vorliegenden Arbeit, die sich mit dem Einfluß planmäßig eingebauter Punktdefekte auf elektrische Eigenschaften der Metalle Kupfer und Aluminium beschäftigt, soll es sein, ein Verfahren anzugeben, das es ermöglicht, die Anwesenheit dieser Punktdefekte nachzuweisen und darüber hinaus eine Unterscheidung der Art der Defekte zu ermöglichen. Dabei wird von folgendem Gedankengang ausgegangen. Jede Änderung der physikalischen Eigenschaften eines Metalls beruht auf einer Änderung der Elektronenstruktur. Falls es gelingt, die Bestimmungsgrößen der Elektronenstruktur und deren Änderung durch eingebaute Punktdefekte zu berechnen, müßte es möglich sein, grundlegendere Kenntnisse über diese Defekte zu erhalten als durch Beobachtung der Meßgrößen selbst. Zu diesem Zweck werden in die beiden obgenannten Metalle Punktdefekte bekannter Art mit Hilfe von α-Bestrahlung, Kaltbearbeitung und Abschreckbehandlung eingebracht und die Änderung der elektrischen Meßgrößen — Widerstand, magnetische Widerstandserhöhung und Hall-Konstante — festgestellt. Aus diesen Größen wird die Elektronenstruktur berechnet und deren Änderung durch die eingebauten Defekte untersucht, um so die Elektronenstruktur zu einem Hilfsmittel zu machen, das genauere Kenntnisse über die Wirkung von Punktdefekten liefert und als Unterscheidungsmerkmal für die Art der Defekte dienen kann.

I. Punktdefekte

1. Definition und Eigenschaften von Punktdefekten

Sehen wir von Fremdatomen ab, so können zwei Arten primärer Punktdefekte angegeben werden: Leerstellen, das sind reguläre Gitterplätze, die unbesetzt bleiben und Zwischengitteratome, das sind Atome des eigenen Metalls, die in das vollbesetzte Kristallgitter an Zwischengitterplätzen eingelagert sind.

Leerstellen können zur Berechnung der elastischen Entspannung des umgebenden Gitterbereichs in erster Näherung als kugelförmige Hohlräume im kontinuierlichen Medium betrachtet werden. Die elastische Entspannung in der Umgebung der Leerstelle ist dann proportional zu R^{-3}, wobei R den Abstand von der Leerstelle angibt. An Hand dieser Abschätzung läßt sich zeigen, daß nur die in der nächsten Nachbarschaft der Leerstelle liegenden Gitteratome verschoben werden, mobei diese Verschiebung nur einige Prozente des Atomabstands auswacht und gegen die Leerstelle hin gerichtet ist. Da auch die Gitterbindungskräfte mit zunehmender Distanz sehr stark abnehmen, läßt sich zeigen, daß der von einer Leerstelle geleistete Beitrag zur Änderung der Gitterenergie nur klein ist. Eine genauere Berechnung der Verschiebung der einzelnen Gitteratome um eine Leerstelle stammt von Hall [1], der die eine Leerstelle umgebenden Atome in Schalen mit den Durchmessern $d\sqrt{k}$ einteilt (d Abstand zum erstnächsten Nachbarn; $k = 1, 2, 3, \ldots$). Er findet, daß für k. flz. Kristalle die erste Schale — bestehend aus Atomen, die von der Leerstelle aus gesehen in den $\langle 110 \rangle$-Richtungen liegen — relativ am stärksten nach innen verschoben wird, die zweite Schale — Atome in den $\langle 100 \rangle$-Richtungen — viel schwächer (ca. 1/4) nach außen, die dritte Schale — Atome entlang der Raumdiagonalen — wieder nach innen; die Beiträge höherer Schalen sind nur mehr klein. Wie man sieht, ergibt sich also eine Anisotropie der Gitterverzerrung rund um eine Leerstelle.

Zwischengitteratome verursachen schon aus rein geometrischen Gründen eine weitaus größere Gitterstörung als Leerstellen. Die Verschiebung der umgebenden Atome kann bis zu 20% des Gitterparameters betragen. Berechnungen von Hall zeigen, daß diese vom Zwischengitteratom nach außen erfolgende Verschiebung bei k. flz. Metallen in der ersten Schale etwa sechsmal so groß ist wie beim Einbau einer Leerstelle. Ebenso wie bei Leerstellen ergibt sich auch beim Einbau von Zwischengitteratomen eine Anisotropie der Gitterverzerrung. Die im Gitter gespeicherte Energie liegt in der Gegend von eV, während die der Leerstellen dagegen vernachlässigbar klein bleibt.

Neben diesen beiden Arten primärer Punktdefekte treten auch verschiedene Kombinationen der beiden als Fehler auf (Leerstellenpaare und -gruppen, Schottky-Defekte usw.), von denen zur Deutung von Korpuskularbestrahlungsexperimenten an Metallen besonders die Frenkeldefekte von Bedeutung sind. Unter Frenkeldefekten versteht man Paare von Leerstellen und Zwischengitteratomen. Die durch einen Frenkeldefekt entstehende Gitterverzerrung setzt sich aus denen der beiden Partner zusammen [33, 38].

Entsprechend dem verschiedenen Störungsgrad der einzelnen Arten der Punktdefekte ist auch die Bildungsenergie stark unterschiedlich (Tab. I). Zwischengitteratome, die starke Verzerrungen verursachen, weisen eine etwa viermal so große Bildungsenergie auf wie Leerstellen. Für die Bildung eines Leerstellenpaares ist ein geringerer Energieaufwand notwendig als für die Bildung von zwei einzelnen Leerstellen. Die Bildungsenergie eines Frenkeldefektes setzt sich additiv aus der eines Zwischengitteratoms und einer Leerstelle zusammen.

Durch die thermischen Schwingungen des Kristallgitters wird den Fehlstellen Energie zugeführt, die sie zur Wanderung im Gitter im Sinne einer Diffusion befähigt. Bei einem Zwischengitteratom kann man sich das etwa so vorstellen, daß das Atom unter Überwindung einer Potentialschwelle von einem Zwischengitterplatz auf den nächsten springt. Das Zwischengitteratom kann aber auch, was energetisch günstiger ist, ein reguläres Gitteratom von seinem Platz verdrängen und dieses zu einem Zwischengitteratom machen (interstitialcy migration) [2]. Die Diffusion einer Leerstelle geht so vor sich, daß ein benachbartes reguläres Gitteratom in die Leerstelle rückt und seinerseits eine Leerstelle zurückläßt. Diese Wanderungsmechanismen gelten nur für isolierte Fehlstellen. Zur Deutung der Bewegung einer Fehlstelle im Störungsbereich eines oder mehrerer gleich- oder andersartiger Gitterfehler müssen wesentlich kompliziertere Modellvorstellungen herangezogen werden. So zum Beispiel zur Erklärung der durch die thermische Gitterbewegung verursachten Rekombination nahe benachbarter Partner von Frenkeldefekten.

Den verschiedenen Wanderungsmechanismen der einzelnen Fehlstellenarten entsprechend zeigen auch die Wanderungsenergien sehr unterschiedliche Werte (Tab. I). Den größten Wert weisen die Leerstellen mit etwa 1 eV auf, gefolgt von den Leerstellenpaaren mit etwa dem halben Energiebedarf. Den geringsten Wert der Wanderungsenergie besitzen Zwischengitteratome. Der für Frenkeldefekte angegebene Wert liegt etwa gleich niedrig. Die Gleichgewichtskonzentration von außen eingebrachter Defekte in Abhängigkeit von der Temperatur entspricht dieser Energieverteilung. Zwischengitteratome und Frenkeldefekte können nur bei sehr tiefen Temperaturen in erheblichen Konzentrationen auftreten. Dabei werden für den Fall der Frenkeldefekte bei tieferer Temperatur zunächst nahe benachbarte, bei etwas höherer

Temperatur auch weiter auseinanderliegende Partner rekombinieren. Bei etwas höherer Temperatur sind noch meßbare Konzentrationen von Leerstellenpaaren feststellbar, während Leerstellen noch bei Raumtemperatur und darüber in erheblichen Mengen auftreten können.

Tabelle I. Bildungs- und Wanderungsenergien von Punktdefekten

	Leerstelle		Leerstellen-paar	Zwischen-gitteratom	Frenkel-defekt
	Cu	Al	Cu	Cu	Cu
Bildungsenergie in eV	1,4 [35]	0,76 [34]	1,6 [41]	4,0 [36]	5,4 [37]
Wanderungsenergie in eV	1,13 [35]	0,44 [34]	0,25−0,6 [41]	0,1−0,25 [36]	0,1−0,25 [36]

2. Erzeugung von Punktdefekten

a) *Kaltbearbeitung*

Ein gut ausgeheilter und unbearbeiteter Metallkristall beinhaltet ein Netzwerk von Versetzungen. Jede plastische Deformation verursacht eine Bewegung und Vervielfachung dieser Versetzungen. Dabei entsteht auch eine große Zahl von Punktdefekten. Zur Beschreibung der Erzeugung dieser Defekte werden zwei Modellvorstellungen herangezogen. Van Bueren [3] nimmt an, daß der durch Schnitt zweier Schraubenversetzungen entstandene Versetzungssprung (jog) bei seiner Bewegung durch den Kristall bei nicht zu hohen Temperaturen eine Reihe von Leerstellen bzw. Zwischengitteratomen erzeugt. Friedel [4] ist der Ansicht, daß durch Kombination der Segmente zweier Stufenversetzungen entgegengesetzten Vorzeichens, die in benachbarten Gleitebenen gelagert sind, eine Reihe von Punktdefekten entstehen könnte. Erfolgt die Kaltbearbeitung bei Zimmertemperatur, so bleiben infolge der geringen Wanderungsenergie der Zwischengitteratome hauptsächlich Leerstellen im verformten Kristallgitter zurück. Die Dichte der entstehenden Punktdefekte ist gegeben durch

$$F \approx A \cdot \varepsilon^p \qquad \begin{array}{l} A \ldots 10^{19} \text{ bis } 10^{21} \\ \varepsilon \ldots \text{Verformungsgrad} \\ p \ldots 1 \text{ bis } 2 \end{array} \qquad (1)$$

Der Exponent p liegt für bei sehr tiefen Temperaturen bearbeitete Einkristalle bei 2 und verringert sich für Polykristalle und höhere Bearbeitungstemperaturen. Im Mittel kann man für ein typisches Metall bei einer Verformung von 10% mit 10^{18} bis 10^{19} Defekten/cm³ rechnen.

b) *Abschrecken von hohen Temperaturen*

Jeder reale Kristall beinhaltet, ohne daß durch äußere Einflüsse Fehlstellen geschaffen werden, eine gewisse Zahl von Eigenfehlstellen, die mit wachsender Temperatur zunimmt. Dies kommt daher, daß durch den Einbau von ordnungsstörenden Fehlstellen in das regelmäßige Gitter die Ordnungsentropie des Kristalls in erheblichem Maße vergrößert wird. So kommt es ,daß bei hinreichend hoher Temperatur die freie Energie des Kristalls vermindert werden kann, obwohl zur Erzeugung der Fehlstelle ein positiver Energiebeitrag geleistet werden muß. Die thermische Gleichgewichtskonzentration c der Eigenfehlstellen, die durch ein Minimum der freien Energie gekennzeichnet ist, läßt sich durch folgende Gleichung darstellen [5]:

$$c = e^{\frac{E_b - T \cdot \Delta S_b}{k \cdot T}} \qquad \begin{array}{l} E_b \text{ Bildungsenergie} \\ \Delta S_b \text{ Änderung der Entropie} \\ \text{durch Einbau des Defekts} \end{array} \qquad (2)$$

Unter der vereinfachenden Annahme, daß $\Delta S_b/k$ in der Größenordnung von eins liegt, ergibt sich die Formel:

$$c = e^{-\frac{E_b}{k \cdot T}}, \qquad (3)$$

die bei Kenntnis der Bildungsenergien eine Abschätzung der Defektkonzentration als Funktion der Temperatur erlaubt. In Tabelle II. sind die Konzentrationen verschiedener Defekte in Kupfer und ihre Temperaturabhängigkeit dargestellt [6].

Wie man aus der Tabelle entnehmen kann, erreichen durch Temperaturerhöhung nur die Leerstellen nennenswerte Konzentrationen. Durch hinreichend rasche Abkühlung gelingt es nun, einen Großteil der bei der höheren Temperatur im thermischen Gleichgewicht befindlichen Leerstellen einzufrieren und auf diese Weise Fehlstellenkonzentrationen bis zu 10^{-4} in dosierbarer Weise zu erhalten. Versuchsergebnisse dieser Art liegen für die Metalle Kupfer, Gold, Platin, Aluminium und Nickel und einige Legierungen vor [7]. Bei der Durch-

Tabelle II. Gleichgewichtskonzentrationen von Punktdefekten bei verschiedenen Temperaturen

	Defektkonzentration		
	300° K	800° K	1300° K
Leerstelle	10^{-17}	10^{-6}	10^{-4}
Leerstellenpaar	10^{-27}	10^{-10}	10^{-6}
Zwischengitteratom	10^{-67}	10^{-25}	10^{-15}

führung von Abschreckversuchen sind zwei Bedingungen zu beachten: 1. die Abkühlung muß rasch genug vor sich gehen, damit die Erholung während der Temperaturerniedrigung genügend klein bleibt (ca. 10^4 °C/sec); 2. die Materialstärke darf einen gewissen Betrag nicht überschreiten, da sonst die durch ungleichmäßige Abkühlung der verschiedenen Schichten entstandenen inneren Spannungen eine plastische Verformung in der Probe verursachen, die durch Betätigung von Versetzungsmechanismen einen Teil der gebildeten Leerstellen verschwinden läßt (oberster Wert des Durchmessers eines Drahtes etwa 0,3 mm) [8]. Bei Nichteinhaltung obiger Bedingungen verringert sich die Zahl der eingefrorenen Leerstellen.

c) *Korpuskularbestrahlung*

Zur Erzeugung von Punktdefekten können folgende Teilchen Verwendung finden: Elektronen, Protonen, Deuteronen, α-Teilchen, Kernbruchstücke und Neutronen.

Alle diese Strahlenarten erzeugen im wesentlichen Frenkeldefekte. Um ein Atom des Kristallgitters aus seiner Lage zu entfernen, muß das stoßende Teilchen einen Energiebetrag besitzen, der größer ist als die Bindungsenergie des zu entfernenden Gitterbausteins. Diese Verlagerungsenergie liegt nach den Schätzungen mehrerer Autoren in der Größenordnung von 25 eV. Die von einem fliegenden Teilchen (mit $v \ll c$) beim elastischen Zusammenstoß auf ein Gitteratom übertragene Energie ist durch folgende Gleichung gegeben:

$$\Delta E = E_1 \cdot \frac{4 M_1 M_2}{(M_1 + M_2)^2} \sin^2 \vartheta \quad \begin{array}{l} \Delta E \text{ Übertragene Energie} \\ E_1 \text{ Energie} \\ M_1 \text{ Masse} \end{array} \text{des Geschosses} \quad (4)$$
M_2 Masse des Gitteratoms
ϑ Streuwinkel des Geschosses

Durch Diskussion dieser Gleichung läßt sich zeigen, daß schwere Teilchen mit einer Energie von z. B. 1 MeV in der Lage sind, Gitteratome unter Schaffung von Leerstellen von ihren Plätzen zu entfernen. Diese herausgeschlagenen Atome sind, falls die Energie dazu ausreicht, imstande, noch andere Gitteratome bei gleichzeitiger Entstehung neuer Leerstellen zu verlagern, bis sie schließlich eine metastabile Lage an Zwischengitterplätzen einnehmen. Die durch diesen Vorgang entstandenen Paare von Leerstellen und Zwischengitteratomen werden als Frenkeldefekte bezeichnet. Der größte Teil der Energie sowohl der hineingeschossenen Primärteilchen als auch der verlagerten Gitteratome wird jedoch zur Anregung thermischer Gitterschwingungen verbraucht, die Anlaß zu sehr starken, stoßartigen Temperaturerhöhungen entlang der Bahn des Primärteilchens bieten, die auf einzelne Atome beschränkt bleiben und nicht zum Aufschmelzen des Metalls führen. Der ganze, Frenkeldefekte und lokale Erhitzungen umfassende Bereich, wird als Überhitzungsbereich (thermal spike) bezeichnet. Werden zur Beschießung des Metalls geladene Teilchen verwendet, so geht der weitaus größte Teil der Energie durch Ionisation und Anregung verloren, wobei es aber bei Metallen infolge der elektrischen Leitfähigkeit zu keiner Änderung der physikalischen Eigenschaften kommt. Gegen Ende der Reichweite des hineingeschossenen Primärteilchens wird die ganze restliche Energie in Wärme übergeführt, wodurch ein Bereich des Metalls kurzzeitig über den Schmelzpunkt erhitzt und durch die umliegenden kalten Bereiche schroff abgekühlt wird. In diesem Umlagerungsbereich (displacement spike) sind Frenkeldefekte zum größten Teil verschwunden. Hervorgerufen durch die außerordentlich rasche Kristallisation können in diesem Bereich jedoch Versetzungen entstehen.

Elektronen sind erst im relativistischen Geschwindigkeitsbereich (Energie ca. 1 MeV) befähigt, Punktdefekte zu erzeugen. Da die beim

Stoß übertragene Energie meist nur wenig größer ist als die Verlagerungsenergie, kann pro einfallendes Elektron höchstens ein Frenkeldefekt entstehen. Die durch Elektronenbestrahlung erzielbare Defektdichte ist daher wesentlich kleiner, die Verteilung der Frenkeldefekte im bestrahlten Bereich jedoch homogener als bei Bestrahlung mit schweren Teilchen.

3. Wirkung von Punktdefekten auf physikalische Eigenschaften von Metallen

Durch den Einbau von Fehlstellen wird eine ganze Reihe von physikalischen Eigenschaften einer zum Teil erheblichen Änderung unterworfen. Geringfügige Änderungen der Lineardimensionen und dazu proportionale Änderungen der Gitterkonstante wurden beim Einbau von Punktdefekten beobachtet [9]. Es konnte gezeigt werden, daß Zwischengitteratome einen größeren Einfluß auf die Gitterkonstante zeigen als Leerstellen [10]. Durch die Einbringung von Punktdefekten wird im Kristallgitter Energie gespeichert. Bei langsamer Erwärmung von entsprechend niedrigen Temperaturen in einem sehr empfindlichen Kalorimeter wird diese Energie in einem für jede Fehlstellenart charakteristischen Temperaturbereich als Wärmemenge freigesetzt. Eine große Zahl von Arbeiten beschäftigt sich mit dem Einfluß von Punktdefekten auf das elastische und plastische Verhalten der Metalle. Neben Änderungen der elastischen Konstanten sind sehr erhebliche Auswirkungen auf das Translationsverhalten und die technologischen Festigkeitseigenschaften festgestellt worden. Da es selten gelingt, den Einfluß der verschiedenen Fehlstellenarten voneinander zu trennen, sind die beobachteten Effekte sehr komplexer Natur und schwierig zu deuten.

Eine große Bedeutung bei der Untersuchung der Beeinflussung durch Punktdefekte kommt dem elektrischen Widerstand zu. Durch den Einbau von Fehlstellen wird der Widerstand vergrößert. Diese Vergrößerung wird durch die Annahme einer vermehrten Streuung der Leitungselektronen an den Gitterfehlern, das heißt durch eine verminderte Elektronenbeweglichkeit, gedeutet. Die Zahl der Ladungsträger wird dabei als konstant angesehen. Elektronentheoretische Berechnungen dieser Streuungen gehen von der Annahme eines in erster Näherung freien Elektronengases aus, so daß die Elektronen zumindest zur Betrachtung der Streuung durch Wellenfunktionen beschrieben werden können. Die Fehlstellen werden dabei wie positive bzw. negative Punktladungen behandelt, die von einem abschirmenden elektrischen Feld umgeben sind. Auf Grund dieser Überlegungen ausgeführte Berechnungen ergeben für Leerstelle und Zwischengitteratom den gleichen Beitrag zur Widerstandserhöhung. Da jedoch die elastischen Gitterverzerrungen in der Umgebung eines Zwischengitteratoms wesentlich größer sind als die rund um eine Leerstelle, müßte auch die Widerstandserhöhung durch ein Zwischengitteratom größer sein als durch

Tabelle III. Widerstandserhöhungen durch Punktdefekte

	Leerstelle		Zwischengitteratom		Frenkeldefekt	
	Cu	Al	Cu	Al	Cu	Al
Widerstandserhöhung pro Defekt in 10^{-27} Ω cm	0,48 [33] 1,53 [38] 1,78 [39]	2,3 [32]	0,72 [33] 5,7 [38] 12,2 [39]	3,4	1,2 [33] 7,2 [38] 14 [39]	5,7

eine Leerstelle. Berechnungen von Blatt [11], die diesem Sachverhalt Rechnung tragen, zeigen auch, daß die streuende Wirkung der Punktladung und des verzerrten Gitterbereichs von der gleichen Größenordnung sind; die Widerstandserhöhung durch ein Zwischengitteratom ist danach etwa doppelt so groß wie durch eine Leerstelle. Tabelle III gibt eine Zusammenstellung einiger von verschiedenen Autoren angegebener Werte, deren zum Teil nicht unerhebliche Abweichungen voneinander die Unsicherheit der verwendeten Modellvorstellungen zeigen.

Von besonderer Wichtigkeit für die Klärung des Verhaltens eingebauter Punktdefekte sind Erholungsmessungen an planmäßig gestörten Metallproben. Zu diesem Zweck werden in das Kristallgitter durch Anwendung eines oder sinnvolle Kombination mehrerer der vorhin genannten Behandlungsverfahren bei möglichst tiefer Temperatur Fehlstellen eingebracht und die Erholung des Widerstands bei langsam ansteigender Temperatur beobachtet. Aus den sich ergebenden Diskontinuitäten der Erholungskurve können Rückschlüsse auf die Aktivierungsenergien der einzelnen Fehlstellenarten gezogen werden. Ein unter Hinzuziehung theoretisch errechneter Wert für die Erholung von Fehlstellen in Kupfer erhaltenes Schema gibt van Bueren an (Tab. IV) [8]. Erholungsschemata dieser Art weisen noch eine ganze Reihe von Unstimmigkeiten auf, die darauf zurückzuführen sind, daß es fast nie gelingt, nur eine einzige Fehlstellenart einzubauen. Eine Abhilfe ist

Tabelle IV. Erholung von Punktdefekten in Abhängigkeit von der Temperatur

Stufe	Temperatur in °K	Aktivierungs- energie in eV	Mechanismus
I	30—40	0,1—0,2	Rekombination nahe benachbarter Partner von Frenkeldefekten
II	90—200	0,2—0,5	Diffusion von Zwischengitteratomen; Rekombination von Frenkeldefekten mit weiter auseinanderliegenden Partnern
III	210—320	0,7	Diffusion von Leerstellenpaaren
IV	~ 400	1,2	Diffusion von Leerstellen
V	> 500	2,1	Selbstdiffusion

nur in der gleichzeitigen Beobachtung möglichst vieler verschieden strukturempfindlicher Effekte zu sehen.

Ein weiterer elektrischer Effekt, dessen Änderung durch Einbau von Frenkeldefekten nachgewiesen wurde, ist die Hall-Konstante. Die Hall-Konstante des Aluminiums zeigt durch α-Bestrahlung bei 90°K eine Abnahme ihres Absolutbetrages von einigen Promillen [12]. Die Bedeutung der Messung der Hall-Konstante liegt darin, daß man mit ihrer Hilfe Aussagen über die Anzahlen der Leitungselektronen bzw. Löcher machen kann.

Eine große Empfindlichkeit gegenüber dem Einbau von Frenkeldefekten zeigt die magnetische Widerstandserhöhung, die für Kupfer bei einer Temperatur von 81°K und einer α-Strahlendosis von 11 Ch eine Abnahme von 23% erreicht [13]. Eine gewisse Schwierigkeit bei der Messung der magnetischen Widerstandserhöhung liegt darin, daß diese Größe bei Anwendung von Magnetfeldern bis $10\,k\Gamma$ für viele Metalle nur bei tiefen Temperaturen nachweisbar ist, bei Raumtemperatur aber unmeßbar klein bleibt.

II. Elektronenstruktur von Kupfer und Aluminium

a) *Kupfer*

Als freies Atom betrachtet, besitzt Kupfer über einer mit 10 Elektronen gefüllten $3d$-Schale eine $4s$-Schale, die mit einem Elektron halbgefüllt ist. Danach müßte Kupfer einwertig sein. Der Unterschied zwischen der Bindungsenergie der $3d$-Elektronen und der des $4s$-Elektrons ist jedoch nur klein — die Energiedifferenz zwischen den Kon-

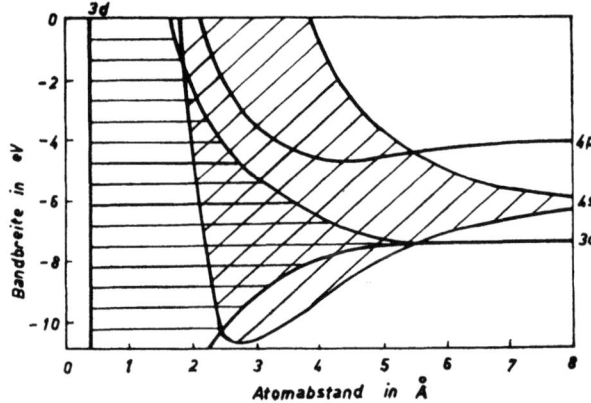

Abb. 1. Energiebänder des Kupfers [18].

figurationen $(3d)^{10} (4s)^1$ und $(3d)^9 (4s)^2$ des freien Atoms beträgt nur 1,5 eV. Aus diesem Grund tritt Kupfer auch zweiwertig auf. Da die Anregungsenergie der $3d$-Schale in derselben Größenordnung wie die metallische Bindungsenergie liegt, muß zur Beschreibung der Elektronenstruktur auch die Elektronendichteverteilung der $3d$-Elektronen berechnet werden. Im metallischen Zustand zeigt Kupfer eine ziemlich starke Überlappung des $3d$- und des $4s$-Bandes (Abb. 1). Die zur Berechnung der Energiedichteverteilung zu verwendenden Wellenfunktionen müssen als lineare Kombinationen der $3d$- und $4s$-Funktionen behandelt werden. Dabei werden dem $3d$-Band fünf Brillouinzonen und dem $4s$-Band eine zugeordnet. Die sich ergebende Energiedichteverteilung zeigt Abb. 2.

Die Ziffern 1 bis 12 geben an, bis zu welcher Grenze die Bänder beim Vorhandensein von 1, 2, 3 usw. Elektronen gefüllt sind. Die

Abbildung zeigt ein schmales $3d$-Band, in dem die Dichte der Niveaus sehr groß ist und ein breites $4s$-Band mit einer relativ kleinen Niveaudichte. Das obere Ende des $3d$-Bandes zeigt einen sehr steilen parabolischen Abfall der Energiedichte und entspricht so einem invertierten Band, in dem die effektive Masse des Elektrons negativ wird.

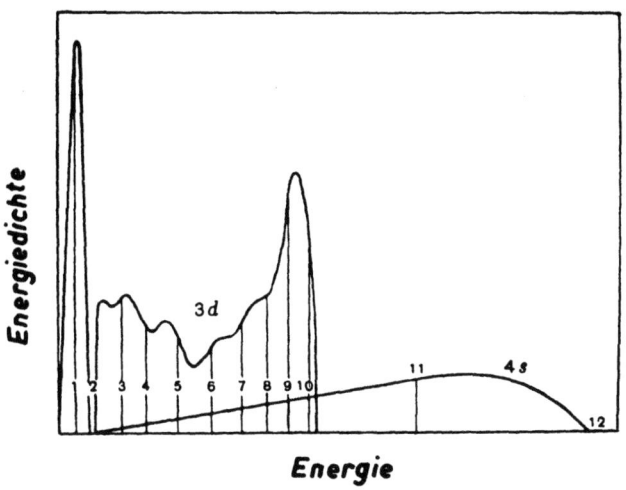

Abb. 2. Energiedichteverteilung der Elektronen in Kupfer [18].

Ein Teilchen mit negativer Effektivmasse kann als positives Defektelektron oder Loch behandelt werden. Das Elektron im $4s$-Band hingegen kann für viele Fälle als praktisch freies Elektron betrachtet werden. Kupfer ist also ein annähernd reiner Elektronenleiter, bei dem aber ein gewisser Beitrag der Löcherleitung nicht vernachlässigt werden darf. Als Beweis für die Existenz von Löcherleitung in Kupfer kann die relativ kleine Hallkonstante dieses Metalls angesehen werden. Für freie Elektronen (Einbandmodell) ergibt sich die Hall-Konstante nach der Formel

$$A_H = 1/N \cdot e \qquad N \ldots \text{Zahl der Ladungsträger pro cm}^3 \qquad (5)$$
$$e \ldots \text{Elementarladung}$$

als positiv, wenn nur Löcherleitung, und als negativ, wenn nur Elektronenleitung vorliegt. Wenn nun neben überwiegender Elektronenleitung auch ein kleiner Beitrag der Löcherleitung vorhanden ist, so wird die gemessene Hall-Konstante zwar negativ, ihrem Betrag nach jedoch kleiner als die errechnete Hall-Konstante sein. Für Kupfer wird eine Hall-Konstante von $-7,4 \cdot 10^{-5}$ cm³/Cb errechnet und eine solche von $-5,5$ gemessen.

b) *Aluminium*

Als freies Atom betrachtet, besitzt Aluminium über einer abgeschlossenen *L*-Schale eine mit 2 Elektronen abgesättigte $3s$-Schale und darüber ein sechs Elektronen fassendes $3p$-Band, das mit nur

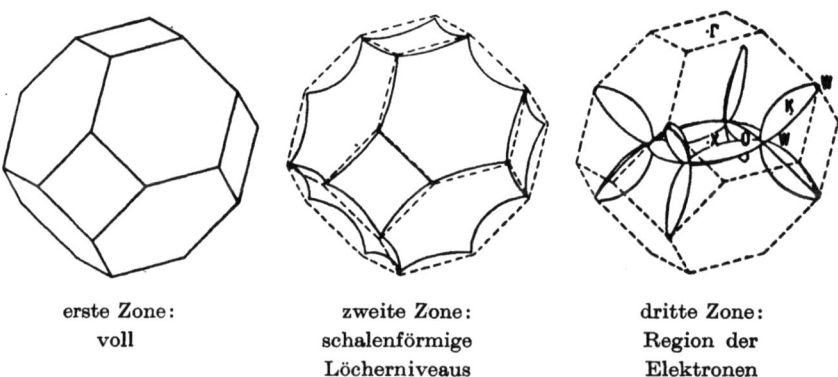

| erste Zone: | zweite Zone: | dritte Zone: |
| voll | schalenförmige Löcherniveaus | Region der Elektronen |

Abb. 3. Die ersten drei Brillouinzonen des Aluminiums mit eingezeichneten Fermioberflächen [16].

einem Elektron belegt ist. Chemisch ist Aluminium dreiwertig. Im festen Zustand tritt eine starke Überlappung der *s*- und *p*-Zustände auf. Die erste Brillouinzone ist ganz oder fast ganz gefüllt und es treten starke Überlappungen entlang der (111)-Ebenen und geringe Überlappungen an den (200)-Ebenen auf [14]. Berechnungen der Fermioberflächen [15] [16], die in relativ guter Übereinstimmung mit Untersuchungen des de-Haas-van-Alphen-Effekts und des anomalen Skineffekts stehen, ergeben über einer gefüllten ersten Brillouinzone eine zweite etwa halbvolle Zone und eine dritte mit geringer Besetzungsdichte. Die zweite Zone weist Niveaus für Löcher (Defektelektronen) auf, die dritte Zone kann den Elektronen zugeordnet werden (Abb. 3).

Die Darstellung der Brillouinzonen erfolgte hier im sogenannten reduzierten Zonenschema. Dabei werden die außerhalb der ersten Brillouinzone liegenden weiteren Zonen jeweils in die erste Zone zurücktransponiert. Das gleiche Verfahren wird auch mit der Fermioberfläche durchgeführt, so daß aus der im erweiterten Zonenschema für Aluminium fast kugelförmigen Fermioberfläche die oben angegebenen Figuren entstehen.

Aluminium, das wie Kupfer kubisch-flächenzentriert kristallisiert, ist ein guter elektrischer Leiter (ähnlich wie Gold). Die negative Hall-Konstante zeigt, daß es als überwiegend elektronenleitend betrachtet werden kann. Gegenüber der aus dem Einbandmodell für ein Leitungselektron berechneten Hallkonstante von $10,2 \cdot 10^{-5}$ cm^3/Cb ist die gemessene Hall-Konstante von 3,44 zu klein. Der Unterschied zwischen dem berechneten und dem gemessenen Wert ist größer als bei Kupfer. Dieses Verhalten zeigt, daß der Löcherleitung bei Aluminium eine wesentlich größere Bedeutung zukommt als bei Kupfer. Die Zahl der Leitungselektronen pro Atom wird als Resultat von Messungen des anomalen Skineffekts und der Infrarotabsorption zu 0,97 angegeben [17].

III. Berechnung der Elektronenstruktur mit Hilfe eines Zweibandmodells

Zur Beschreibung des Leitungsmechanismus von Metallen kann in sehr guter Näherung ein Zweibandmodell herangezogen werden, wie es von Wilson [18] bzw. Sondheimer und Wilson [19] angegeben wurde. Da eine große Zahl von Metallen zwei sich überlappende oberste Energiebänder besitzen und Ladungsträger zweier verschiedener Vorzeichen aufweisen, läßt sich ihr Verhalten durch zwei einander überlappende standardisierte Energiebänder beschreiben, von denen das eine als normal (elektronenleitend), das andere hingegen als invertiert (löcherleitend) angesehen wird. Dabei ist es, solange man isotrop auftretende Effekte betrachtet, gleichgültig, ob die Fermioberfläche im k-Raum (Impulsraum) kugelförmig ist oder nicht. Verschiedenen Zonen einer komplizierten Fermioberfläche entsprechende Beiträge werden aufgeteilt und je nach der Art ihres Beitrags dem normalen oder dem invertierten Band zugeteilt. Als weitere Annahme geht eine zentrische Symmetrie der so entstandenen zwei Bänder ein. Auf diese Art erhält man ein Modell, das zur Beschreibung isotroper Meßgrößen zwei Ladungsträgerarten verschiedenen Vorzeichens verwendet, die in verschiedener Anzahl und mit unterschiedlichen Beweglichkeiten auftreten können. Es ist klar, daß dieses Modell, da ja die anisotropen Anteile der wirklichen Fermioberfläche kugelförmig verschmiert worden sind, nicht zur Beschreibung anisotroper Effekte verwendet werden kann. Da aber anisotrope Effekte bei kubischen Kristallgittern nur an hochreinen Einkristallen und bei sehr tiefen Temperaturen beobachtet wurden [z. B. wurde eine Anisotropie der Hall-Konstante von Kupfer bei 4,2° K festgestellt [20]], genügt das Zweibandmodell im vorliegenden Fall, wo Messungen an polykristallinem Material bei Temperaturen von 80° K und darüber beschrieben werden sollen, durchaus den gestellten Anforderungen.

Die elektrische Leitfähigkeit setzt sich aus den partiellen Leitfähigkeiten der Elektronen und Löcher additiv zusammen:

$$\sigma = \sigma_1 + \sigma_2 \quad \begin{array}{l} \sigma \text{ Gesamtleitfähigkeit} \\ \sigma_1 \text{ partielle Leitfähigkeit der Elektronen} \\ \sigma_2 \text{ partielle Leitfähigkeit der Löcher} \end{array} \quad (6)$$

wobei die partiellen Leitfähigkeiten gegeben sind als:

$$\begin{array}{l} \sigma_1 = e N_1 b_1 \\ \sigma_2 = e N_2 b_2 \end{array} \quad \begin{array}{l} e \text{ elektrisches Elementarquantum} \\ N_1 \text{ Zahl der Elektronen} \\ N_2 \text{ Zahl der Löcher} \end{array} \text{ pro cm}^{-3} \quad (7)$$
$$b_1 \text{ Beweglichkeit der Elektronen}$$
$$b_2 \text{ Beweglichkeit der Löcher}$$

Die Hall-Konstante kann experimentell auf Grund folgender Gleichung bestimmt werden:

$$A_H = \frac{U_H \cdot d}{H \cdot I} \quad \begin{array}{l} A_H \text{ Hall-Konstante} \\ U_H \text{ Hall-Spannung} \\ d \text{ Probendicke} \\ H \text{ Magnetische Feldstärke} \\ I \text{ Stromstärke in der Probe} \end{array} \quad (8)$$

Zur Berechnung der Hall-Konstante aus der Elektronentheorie können die Beiträge der Löcher- bzw. Elektronenleitung nicht einfach additiv zusammengesetzt werden, da sich die Hallspannungen in Anwesenheit beider Ladungsträgerarten nur ungenügend ausbilden können, wobei durch das Magnetfeld eine Widerstandserhöhung hervorgerufen wird. Unter Berücksichtigung obgenannter Effekte ergibt sich die Hall-Konstante zu:

$$A_H = -e \frac{N_1 b_1^2 - N_2 b_2^2}{\sigma^2} \qquad (9)$$

Die Hall-Konstante kann in die beiden partiellen Hall-Konstanten A_{H_1} für alleinige Elektronenleitung und A_{H_2} für alleinige Löcherleitung aufgespalten werden, wobei

$$A_{H_1} = -\frac{1}{eN_1} \quad \text{und} \quad A_{H_2} = \frac{1}{eN_2} \quad \text{ist.} \qquad (10)$$

Die effektive Hall-Konstante A_H setzt sich aus den partiellen Hall-Konstanten nach folgender Gleichung zusammen:

$$A_H = A_{H_1}\left(\frac{\sigma_1}{\sigma}\right)^2 + A_{H_2}\left(\frac{\sigma_2}{\sigma}\right)^2. \qquad (11)$$

Bei Anwendung großer Magnetfelder zeigt sich eine Feldstärkenabhängigkeit der Hallkonstante. Gleichung (9) verändert sich unter Berücksichtigung dieses Effekts zu:

$$A_H(H) = -e \frac{N_1 b_1^2 - N_2 b_2^2 + H^2(N_1 - N_2)b_1^2 b_2^2}{\sigma^2 + e^2 H^2 (N_1 - N_2)^2 b_1^2 b_2^2} \qquad (12)$$

Die Erhöhung des spezifischen Widerstands bei Anlegen eines transversalen Magnetfeldes ist gegeben als:

$$\frac{\rho_H - \rho_0}{\rho_0} = \frac{e^2 H^2 (b_1 + b_2)^2 \dfrac{N_1 b_1 \cdot N_2 b_2}{\sigma^2}}{1 + e^2 H^2 (N_1 - N_2)^2 \dfrac{b_1^2 b_2^2}{\sigma^2}} \quad \begin{array}{l}\rho_H \text{ Widerstand bei}\\ \text{Magnetfeld } H\\ \rho_0 \text{ Widerstand bei}\\ \text{Magnetfeld } 0\end{array} \qquad (13)$$

Bei einwertigen Metallen bzw. Metallen mit ungleichen Ladungsträgerzahlen $N_1 \neq N_2$ zeigt die magnetische Widerstandserhöhung mit wachsender Stärke des Magnetfelds zunächst einen quadratischen Anstieg, strebt jedoch bei sehr hohen Feldstärken einem Sättigungswert zu. Für kleinere Magnetfelder oder nach Formel (13) für

$$e^2 H^2 (N_1 - N_2)^2 \frac{b_1^2 b_2^2}{\sigma^2} \ll 1$$

braucht nur der quadratische Teil zur Berechnung herangezogen werden. Formel (13) vereinfacht sich dann zu:

$$\frac{\rho_H - \rho_0}{\rho_0} = e^2 (b_1 + b_2)^2 N_1 N_2 b_1 b_2 \rho_0^2 H^2 \qquad (14)$$

Im vorliegenden Fall wurden zur Bestimmung der Elektronenstruktur folgende gemessene Effekte herangezogen:

σ elektrische Leitfähigkeit   Gleichung (6), (7)
A_H Hall-Konstante   Gleichung (9)
$\frac{\rho_H - \rho_0}{\rho_0}$ magnetische Widerstandserhöhung   Gleichung (14).

An unbekannten Größen waren zu bestimmen: N_1, N_2, b_1, b_2. Zur Beschaffung einer vierten Gleichung wurde folgende Zusatzannahme getroffen. Sowohl im Falle des Kupfers wie auch in dem des Aluminiums darf angenommen werden, daß jedes Atom im Mittel ein Elektron zur Leitfähigkeit beistellen wird [17, 21, 22, 23]. Treten nun im fast vollbesetzten unteren Leitfähigkeitsband, das an seinem oberen Ende wegen des Fehlens von δ Elektronen löcherleitend ist, δ Löcher auf, so erscheint die Annahme gerechtfertigt, daß im darüberliegenden Band δ Elektronen zusätzlich vorhanden sind. Es befinden sich also im unteren Band δ Löcher und im oberen Band $(1 + \delta)$ Elektronen pro Atom. Die Anzahl der Elektronen pro cm³ ist gegeben als:

$$N_1 = (1 + \delta) \cdot z, \qquad (15)$$

die der Löcher als: $N_2 = \delta \cdot z$, wobei z die Anzahl der Atome Al oder Cu pro cm³ ist.

IV. Experimentelle Anordnung

Die Untersuchungen wurden an den Metallen Kupfer und Aluminium vorgenommen. Das verwendete Kupfer besaß einen Reinheits-

Einfluß von Punktdefekten auf die Elektronenstruktur 143

grad von 99,98 entsprechend einem Restwiderstandsverhältnis $z = \rho_{-195,8°C}/\rho_{0°C}$ von 0,136. Das Aluminium hatte einen z-Wert von 0,144 entsprechend einem Reinheitsgrad von 99,90 [24,25]. Als Korpuskularstrahlenquelle gelangte der α-Strahler Po^{210} (Energie 5,4 MeV) zur Anwendung. Bei Präparatstärken von 60 bis 120 mC konnten in Bestrahlungszeiten bis zu 120 h Bestrahlungsdosen bis zu 11 Ch erreicht werden. Zur Erzielung eines möglichst großen Bestrahlungseffekts

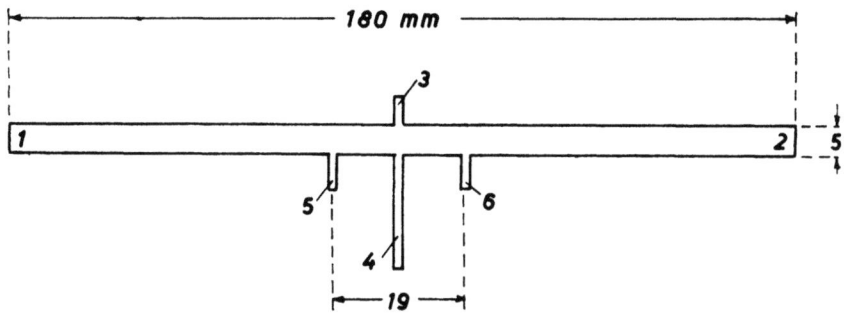

Abb. 4. Probenform.

wurde die Stärke der untersuchten Metallfolien so gewählt, daß sie etwa der Reichweite der α-Strahlen entsprach (bei Cu etwa 8 μ, bei Al etwa 24 μ). Die genaue Dicke der Proben wurde mit Hilfe des Matthiessenschen Gesetzes ermittelt [26], [27], da die Genauigkeit der mechanischen Meßverfahren sich als nicht hinreichend erwies. Zur Vermeidung der Rekombination der durch α-Bestrahlung hervorgerufenen Frenkeldefekte wurde Bestrahlung und Messung des Bestrahlungseffekts bei der Temperatur des flüssigen Stickstoffs vorgenommen.

Elektrischer Widerstand, magnetische Widerstandserhöhung und Hall-Spannung mußten jeweils an ein und derselben Probe gemessen werden. Die dazu verwendete Probenform zeigt Abb. 4. Der durch die Probe der Länge nach (Elektroden 1 und 2) fließende Hauptstrom von 1 Ampere wurde auf $1 \cdot 10^{-6}$ konstant gehalten. Zur Messung des Widerstands wurde der Spannungsabfall an den Elektroden 5 und 6 mit Hilfe einer Kompensationsmethode bestimmt. Die Hall-Spannung wurde an den Elektroden 3 und 4 abgegriffen, von denen die eine (Nr. 4) so lang gemacht wurde, daß sie unter der Probe durchgeführt und unterhalb der

Elektrode 3 angeschlossen werden konnte. Durch die auf diese Weise entstehende Kompensationsschleife können Induktionswirkungen im außen angeschlossenen Meßkreis vermieden werden, die durch geringfügige

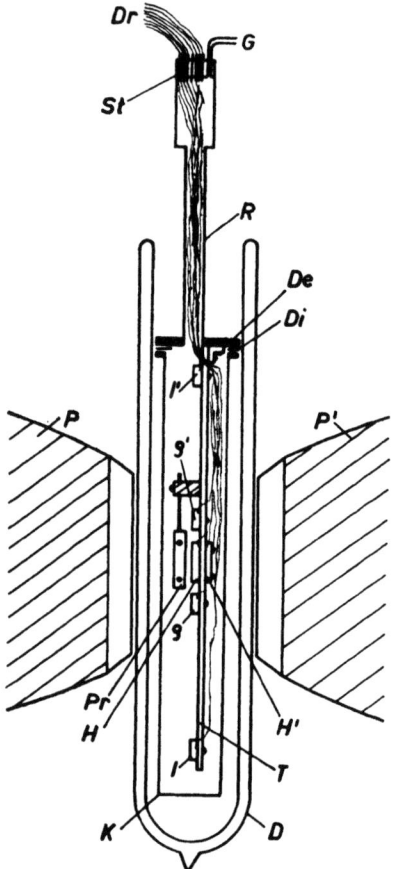

Abb. 5. Schema der Versuchsanordnung.

Änderungen des angelegten Magnetfeldes verursacht werden. Außerdem erweist es sich zur Vermeidung magnetischer und thermischer Fehleffekte als günstig, die beiden Hall-Spannungsanschlüsse möglichst nahe beisammen anzubringen. Die Messung der Hall-Spannung erfolgte durch Kompensation. Da die Hall-Spannungen außerordentlich klein waren (Größenordnung 10^{-6} V), wurde als Nullinstrument ein Galvanometer mit einer Empfindlichkeit von $4 \cdot 10^{-9}$ V verwendet. Die Ableitungen von der auf tiefer Temperatur befindlichen Probe zur Meßeinrichtung bestanden zur Vermeidung von Thermospannungen aus dem gleichen Material wie die Probe selbst. Die Umklemmung auf die kupfernen Meßleitungen erfolgte in einem auf Raumtemperatur befindlichen Ölbad.

Die Temperatur der Probe wurde mit zwei in Serie geschalteten Kupfer-Konstantan Thermoelementen gemessen. Die Ermittlung der Thermospannung erfolgte mit einem Kompensationsapparat. Veränderungen der Probentemperatur konnten auf $0{,}02°$ C genau nachgewiesen werden.

Die Anordnung der Probe zwischen den Polschuhen P und P' des Elektromagneten zeigt Abb. 5. Die Polschuhdistanz beträgt 6 cm. Die Messung der Hall-Konstante und der transversalen magnetischen Widerstandserhöhung wurde bei einer Luftspaltinduktion von $8{,}59\ k\Gamma$ durchgeführt.

Da das α-Präparat Pr nicht direkt in das Kühlbad eingetaucht werden darf, ist die auf dem Träger T befestigte Probe von einem röhrenförmigen Messinggefäß K von elliptischem Querschnitt umgeben. Dieses Gefäß ist unter Zwischenlage einer Dichtung Di aus Silikonkautschuk durch einen Deckel De verschlossen, der ein Neusilberrohr R zur Durchführung der Meßleitungen trägt. Das Rohr ist an seinem oberen Ende mit einem Gummistopfen St abgedichtet, in den die Meßdrähte Dr vakuumdicht eingekittet sind. Im Inneren des Gefäßes K sind die Hauptstromklemmen I und I', die Potentialklemmen für die Widerstandsmessung ρ und ρ' sowie die Hall-Spannungsklemmen H und H' zu erkennen. Zur Vermeidung von Korrosion der Probenoberfläche — bei α-Bestrahlung entstehen durch Ionisation der Luft monoatomarer Sauerstoff, Ozon und Stickoxyd — wurde das Gefäß K nach vorhergehender Evakuierung mit gereinigtem und getrocknetem Wasserstoff unter einem geringen Überdruck gefüllt. Zur Konstanthaltung des Druckes während der Versuchsdauer wurde ein Ausgleichsbehälter mit 5 l Inhalt verwendet. Die Zuführung des Schutzgases erfolgt durch das Rohr G am oberen Ende des Neusilberrohres.

V. Versuchsergebnisse

1. Kupfer

a) Einfluß von Kaltbearbeitung

Hier wird ein Vergleich zwischen walzhartem und weichem Kupfer gezogen. Die verwendeten Folien wurden in walzhartem Zustand (Walz-

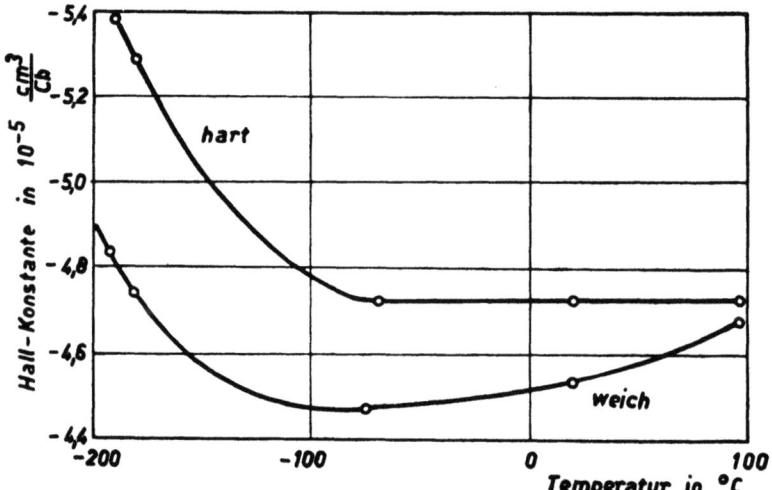

Abb. 6. Temperaturabhängigkeit der Hall-Konstanten von weichem und walzhartem Kupfer.

grad etwa 95%) geliefert. Eine Anzahl von ihnen wurde durch einstündiges Tempern (bei 500° C) im Vakuum und anschließendes langsames Abkühlen weichgeglüht.

α) *Temperaturabhängigkeit des Widerstandes, der Hall-Konstante und magnetischen Widerstandserhöhung von weichem und walzhartem Material.* Die Temperaturabhängigkeit der Hall-Konstante wurde im Bereich von — 192 bis + 100° C untersucht. Dabei wurden folgende Fixpunkte verwendet: flüssiger Stickstoff — 192° C, flüssiger Sauerstoff — 182° C, Kohlensäureschnee — 70° C, Zimmertemperatur + 20° C und siedendes Wasser + 99° C. Wie sich aus Abb. 6 ersehen läßt, zeigt die Kurve den für Kupfer typischen Verlauf mit einem Minimum im Bereich von — 70 bis — 80° C [28, 29]. Die Kurve für hartes Kupfer zeigt einen Konstanzbereich von + 100 bis — 70° C und steigt mit tieferen Temperaturen steil an; sämtliche Werte liegen erheblich höher als bei weichem Material. Die Messung steht in guter Übereinstimmung mit Angaben von Berlincourt [30].

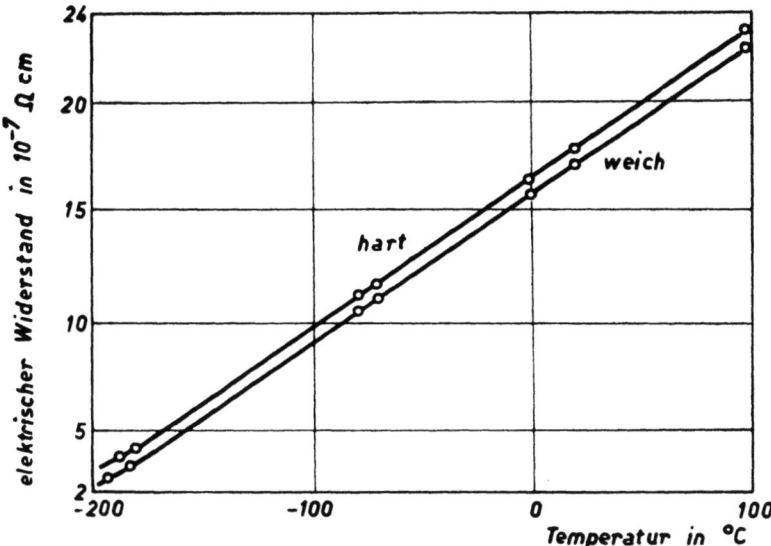

Abb. 7. Temperaturabhängigkeit des spezifischen Widerstands von weichem und walzhartem Kupfer.

Die Temperaturabhängigkeit des Widerstands, die im gleichen Temperaturbereich gemessen wurde, zeigt in Übereinstimmung mit der Matthiessenschen Regel einen gleichen Verlauf für weiches und hartes Kupfer. Die Werte des harten Materials liegen um $8 \cdot 10^{-8}$ Ohm $\cdot$ cm höher als die des weichen (Abb. 7).

Bei der magnetischen Widerstandserhöhung wurden die Messungen im Temperaturbereich von — 195,8 bis — 182° C vorgenommen (Abb. 8). Bei höheren Temperaturen wird sie für die im vorliegenden Fall verwendete Stärke des Magnetfelds (8,59 $k\Gamma$) unmeßbar klein (wie aus der Abbildung ersichtlich, tritt bei weichem Material im untersuchten Temperaturintervall bereits ein Abfall auf den halben Wert ein). Die für kaltbearbeitetes Material erhaltenen Werte sind erheblich kleiner als die der weichen Probe. Mit steigender Temperatur nimmt jedoch der Unterschied ab.

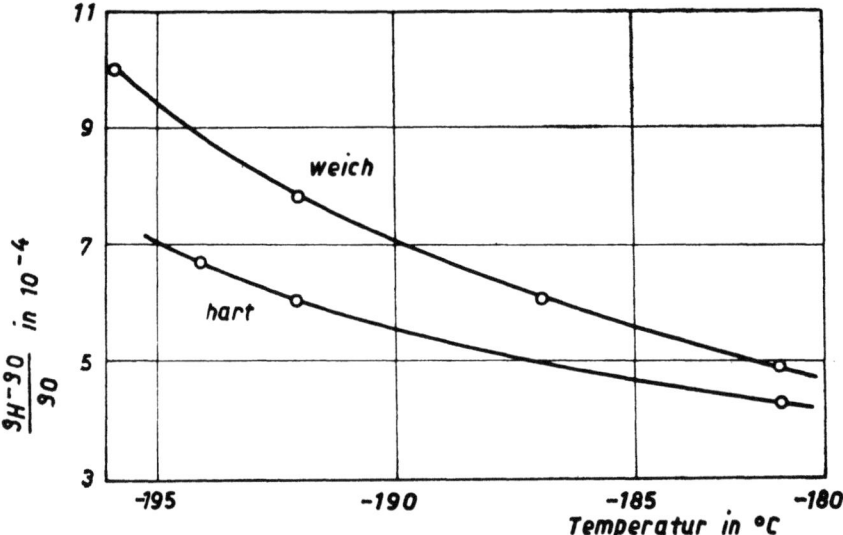

Abb. 8. Temperaturabhängigkeit der magnetischen Widerstandserhöhung von weichem und walzhartem Kupfer bei 8,59 $k\Gamma$.

β) *Vergleich der bei — 192° C gemessenen Werte und der Elektronenstruktur für weiches und kaltbearbeitetes Kupfer.* In Tabelle V sind die bei — 192° C gemessenen Werte und die daraus berechneten Parameter der Elektronenstruktur des weichen Materials denen des kaltgewalzten gegenübergestellt.

Wie aus der Tabelle entnommen werden kann, entsteht durch Kaltbearbeitung eine erhebliche Steigerung des spezifischen Widerstands, eine Zunahme des Absolutbetrags der Hall-Konstante und eine erhebliche Abnahme der magnetischen Widerstandserhöhung. Die Abnahme der partiellen Leitfähigkeit der Elektronen wird, von einer geringfügigen Abnahme der Elektronenzahl pro Atom abgesehen, vor allem durch eine starke Abnahme der Elektronenbeweglichkeit verursacht. Die sehr erhebliche Verringerung der partiellen Leitfähigkeit der Defektelektronen wird trotz einer Zunahme der Beweglichkeit durch die außerordentlich große Abnahme der Anzahl dieser Ladungsträger bewirkt.

Tabelle V: Vergleich der Meßwerte und der Elektronenstruktur von weichem und kaltbearbeitetem Kupfer ($-192°$ C)

	Kupfer weich	Kupfer 95 % kaltgewalzt	Änderung des Absolutbetrages in %
ρ in 10^{-7} Ω cm	2,548	3,350	+ 31
A_H in 10^{-5} cm^3/Cb	− 4,831	− 5,440	+ 12
$\frac{\rho_H - \rho_0}{\rho_0}$ in 10^{-4}	7,80	6,10	− 22
n_1 ($-e$/Atom)	1,0133	1,0039	− 0,9
b_1 in 10^2 cm$^2/V \cdot$ sec	2,674	2,110	− 21
σ_1 in 10^5 Ω^{-1} cm^{-1}	37,12	29,02	− 22
n_2 ($+e$/Atom)	$1,329 \cdot 10^{-2}$	$0,395 \cdot 10^{-2}$	− 71
b_2 in 10^2 cm$^2/V \cdot$ sec	11,685	15,370	+ 24
σ_2 in 10^5 Ω^{-1} cm^{-1}	2,128	0,831	− 61

b) Einfluß von α-Bestrahlung auf weiches Kupfer

Als Ausgangsmaterial wurde weiches Kupfer verwendet, das bei einer Temperatur von $-192°$ C mit einer Gesamtdosis von 11 Ch bestrahlt wurde. Die Änderung der elektrischen Größen wurde während der Bestrahlungsdauer messend verfolgt. Abb. 9 gibt die relative Ände-

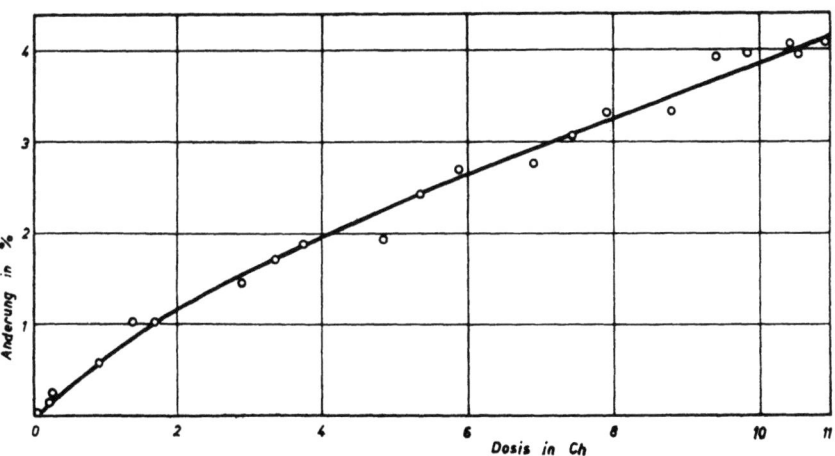

Abb. 9. Widerstandsänderung von Kupfer durch α-Bestrahlung bei $-192°$ C.

rung des spezifischen Widerstands als Funktion der Bestrahlungsdosis an. Die relative Änderung des Betrags der Hall-Konstante ist in Abb. 10

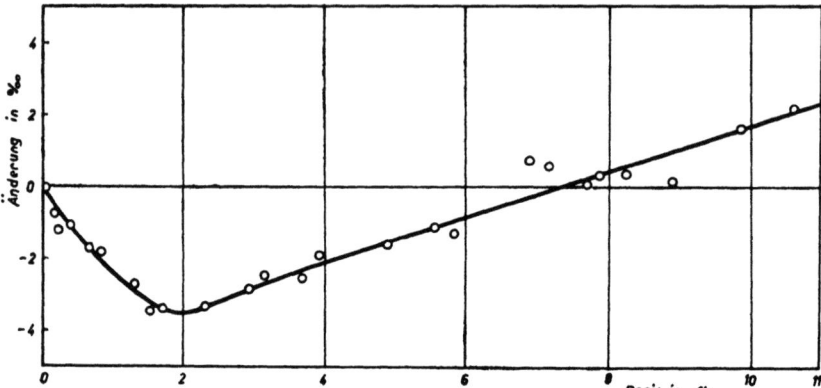

Abb. 10. Änderung der Hall-Konstante von Kupfer durch α-Bestrahlung bei
− 192° C.

aufgetragen. Die Kurve zeigt mit wachsender Dosis zunächst eine Abnahme, die nach Durchlaufen einer Nullstelle bei 7,5 Ch in eine Zunahme des Betrages der Hall-Konstante übergeht. Abb. 11 zeigt das Verhalten

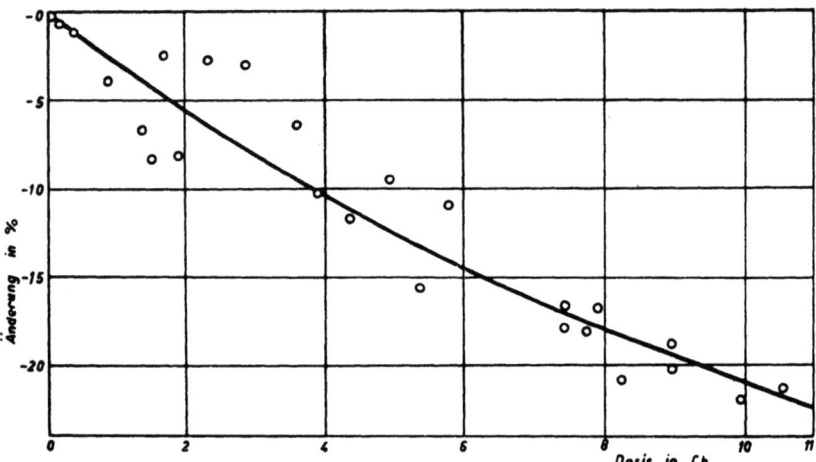

Abb. 11. Änderung der magnetischen Widerstandserhöhung durch α-Bestrahlung
bei 8,59 $k\Gamma$ und − 192° C.

der magnetischen Widerstandserhöhung. Es ergibt sich eine sehr starke Abnahme, die einen mit wachsender Dosis stetigen Verlauf zeigt.

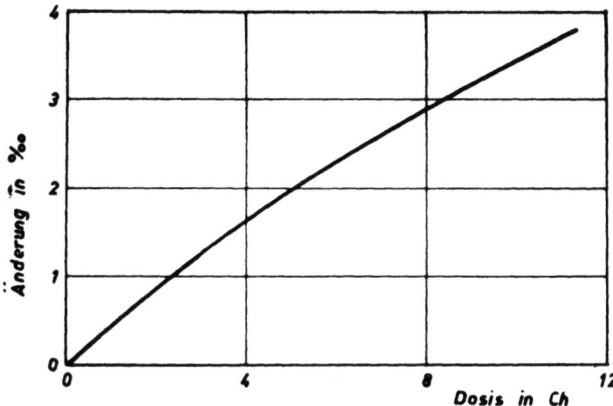

Abb. 12. Zunahme der Zahl der Elektronen/Atom durch α-Bestrahlung.

Die Dosisabhängigkeit der aus den Meßwerten errechneten Parameter der Elektronenstruktur ist in den folgenden Bildern dargestellt. Abb. 12 zeigt die Dosisabhängigkeit der Zahl der Leitungs-

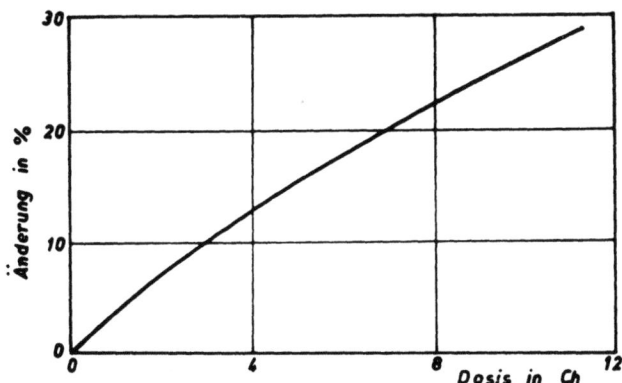

Abb. 13. Zunahme der Zahl der Löcher/Atom durch α-Bestrahlung.

elektronen, Abb. 13 die der Zahl der Defektelektronen. Es ergibt sich in beiden Fällen ein Anstieg, der jedoch im Fall der Löcher etwa 80mal so groß ist wie in dem der Elektronen. Das Verhalten der beiden

Beweglichkeiten ist aus den Abbildungen 14 und 15 ersichtlich. Es tritt in beiden Fällen eine Abnahme ein, die bei den Löchern etwa viermal so groß ist wie bei den Elektronen. Die Kurven aller vier Parameter der

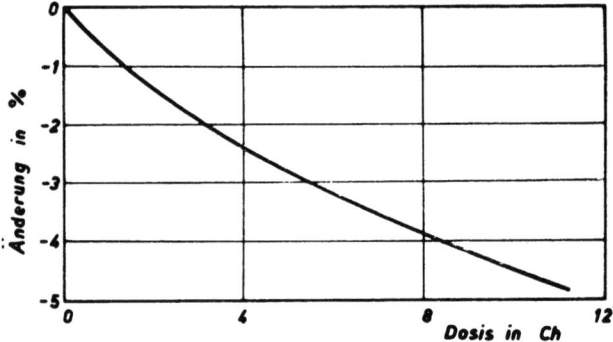

Abb. 14. Abnahme der Beweglichkeit der Elektronen b_1 durch α-Bestrahlung.

Elektronenstruktur zeigen trotz des seltsam erscheinenden Kurvencharakters der Hall-Konstante (Abb. 10) einen gleichmäßigen und glatten Verlauf. Es läßt sich jedoch auch eine Erklärung für den Kurvenverlauf

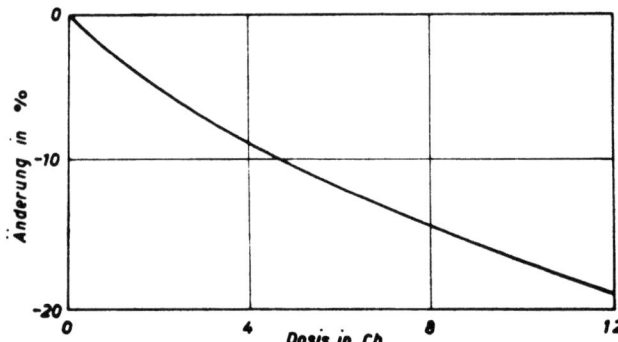

Abb. 15. Abnahme der Beweglichkeit der Löcher b_2 durch α-Bestrahlung.

der Hall-Konstante angeben. Dazu wird die Hall-Konstante unter Benützung der vier errechneten Parameter nach Gleichung (10) und (11) in einen Anteil der Elektronen A_{H_1} $(\sigma_1/\sigma)^2$ und einen der Löcher A_{H_2} $(\sigma_2/\sigma)^2$ aufgespalten. In Abb. 16 sind diese beiden Anteile aufgetragen und der resultierenden Hall-Konstante gegenübergestellt. Wie man sieht, nehmen beide Anteile durch Bestrahlung dem Betrag nach ab. Eine Abnahme des Anteils der Elektronen bewirkt nun ganz allgemein betrachtet eine Verringerung der Absolutgröße einer

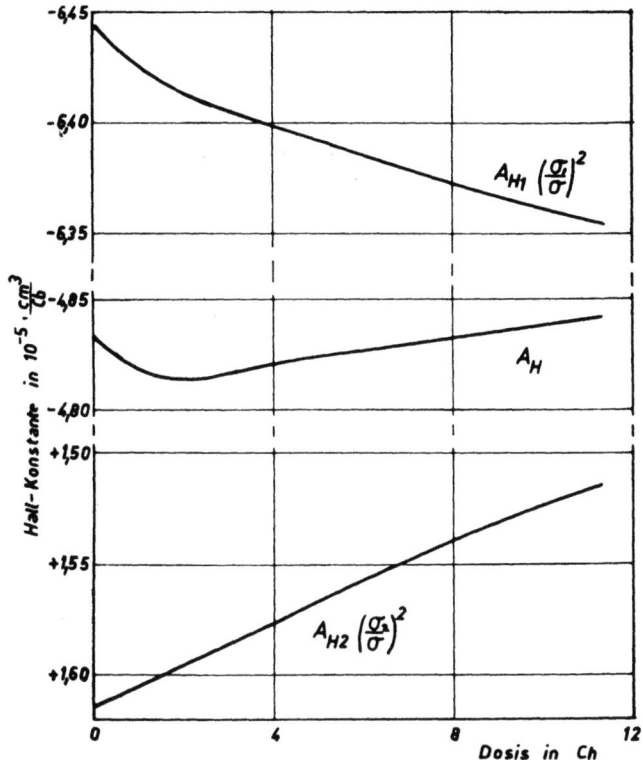

Abb. 16. Aufteilung der Hall-Konstante A_H als Funktion der Bestrahlungsdosis in einen Anteil der Elektronen $A_{H_1}\,(\sigma_1/\sigma)^2$ und der Löcher $A_{H_2}\,(\sigma_2/\sigma)^2$.

negativen Hall-Konstante, eine Abnahme des (positiv gerichteten) Anteils der Löcher jedoch eine Zunahme dieser Absolutgröße. Da aber im vorliegenden Fall die Verringerung des Elektronenanteils bei geringer Bestrahlungsdosis größer ist als die des Löcheranteils, nimmt der Absolutbetrag der resultierenden Hall-Konstante zunächst ab, um bei größeren Dosen durch die nun überwiegende Abnahme des Anteils der Löcher wieder anzusteigen und sogar den Ausgangswert zu überschreiten.

In Tabelle VI sind die nach Anwendung einer Dosis von 11 Ch bei — 192° C erhaltenen Endwerte der gemessenen Größen und der errechneten Parameter der Elektronenstruktur den entsprechenden Werten der unbestrahlten Probe gegenübergestellt. Die Dosis von 11 Ch entspricht einer Gesamtzahl der α-Teilchen von $1{,}46 \cdot 10^{15}$. Bei der vorliegenden Probengeometrie ergibt sich daraus eine Zahl von etwa

Tabelle VI: Vergleich der Meßwerte und der Elektronenstruktur von weichem und α-bestrahltem Kupfer (— 192° C)

	Kupfer weich	Kupfer α-bestrahlt $6 \cdot 10^{14}$ Teilchen/cm²	Änderung des Absolutbetrages in %
ρ in $10^{-7}\,\Omega$ cm	2,548	2,654	+ 4,12
A_H in 10^{-5} cm³/Cb	— 4,831	— 4,841	+ 0,23
$\frac{\rho_H - \rho_0}{\rho_0}$ in 10^{-4}..........	7,80	6,07	— 22,3
n_1 (— e/Atom)..........	1,0133	1,0170	+ 0,37
b_1 in 10^2 cm²/V · sec	2,674	2,546	— 4,82
σ_1 in $10^5\,\Omega^{-1}$ cm^{-1}	37,12	35,46	— 4,50
n_2 (+ e/Atom)..........	$1{,}329 \cdot 10^{-2}$	$1{,}705 \cdot 10^{-2}$	+ 28,3
b_2 in 10^2 cm²/V · sec	11,685	9,5867	— 18,0
σ_2 in $10^5\,\Omega^{-1}$ cm^{-1}	2,128	2,239	+ 5,20

$6 \cdot 10^{14}$ α-Teilchen pro cm² der bestrahlten Folie bzw. eine Volumsdosis von $6{,}6 \cdot 10^{17}$ α-Teilchen/cm³ (bei einer Folienstärke von 9 μ). Wie aus der Tabelle entnommen werden kann, ergibt sich durch α-Bestrahlung eine Steigerung des elektrischen Widerstands, eine geringfügige Zunahme des Absolutbetrags der Hall-Konstante und eine erhebliche Abnahme der magnetischen Widerstandserhöhung. Die Abnahme der partiellen Leitfähigkeit der Elektronen wird bei einer geringfügigen Zunahme der Zahl der Leitungselektronen durch eine Abnahme der Beweglichkeit verursacht. Die partielle Leitfähigkeit der Löcher vergrößert sich infolge eines starken Anwachsens der Zahl dieser Ladungsträger, obwohl gleichzeitig auch eine nicht unerhebliche Abnahme der Beweglichkeit eintritt.

2. Aluminium

a) *Einfluß von Abschreckbehandlung*

Die elektrischen Eigenschaften von weichen und abgeschreckten Aluminiumfolien werden verglichen. Zum Abschrecken wurden die Proben im Vakuum auf 450° C erhitzt und an Luft rasch abgekühlt. Die Abkühlgeschwindigkeit wurde so gewählt, daß eine nicht allzu große Menge an Leerstellen eingefroren wurde.

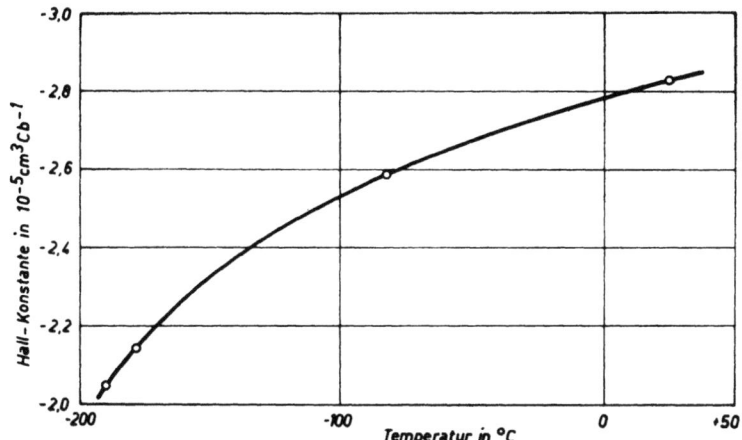

Abb. 17. Temperaturabhängigkeit der Hall-Konstante von weichem Aluminium.

α) *Temperaturabhängigkeit der Hall-Konstante, des Widerstands und der magnetischen Widerstandserhöhung.* Die Temperaturabhängigkeit der Hall-Konstante wurde für weiches und abgeschrecktes Material in einem Bereich von — 195 bis + 20° C untersucht. Die für weiches Material erhaltene Kurve (Abb. 17) zeigt in Übereinstimmung mit Messungen von Frank [31] mit sinkender Temperatur einen zunächst flachen, später jedoch steilen Abfall. Die für abgeschrecktes Material erhaltene Kurve liefert innerhalb der Meßgenauigkeit dieselben Ergebnisse.

Die im gleichen Temperaturbereich untersuchte Temperaturabhängigkeit des spezifischen Widerstands ergibt in Übereinstimmung mit der Matthiessenschen Regel den gleichen Verlauf für weiches und abgeschrecktes Aluminium. Die Werte des abgeschreckten Materials liegen um $1{,}8 \cdot 10^{-8}$

156   F. Stangler

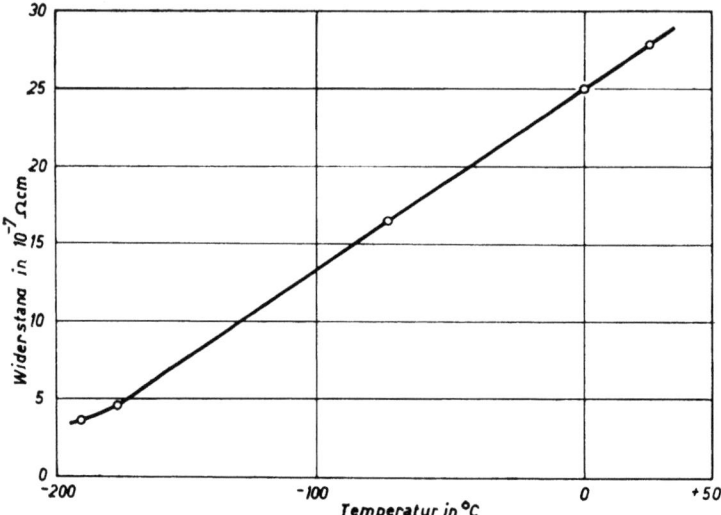

Abb. 18. Temperaturabhängigkeit des spez. Widerstands von weichem Aluminium.

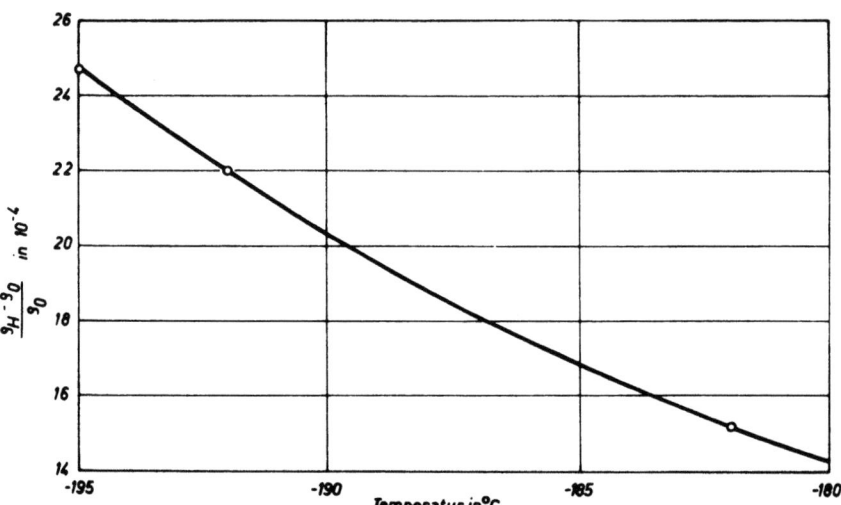

Abb. 19. Temperaturabhängigkeit der magnetischen Widerstandserhöhung von weichem Aluminium bei 8,59 $k\Gamma$.

Ohm . cm höher als die des weichen Aluminiums. In Abb. 18 ist aus zeichnerischen Gründen nur die Kurve des weichen Materials angegeben. Die magnetische Widerstandserhöhung wurde im Bereich von — 195 bis — 182° C untersucht. Auch hier waren wie bei der Hall-Konstante Unterschiede zwischen weichem und abgeschrecktem Material innerhalb der Meßgenauigkeit nicht festzustellen. Die für weiches Aluminium

Tabelle VII: Vergleich der Meßwerte und der Elektronenstruktur von weichem und abgeschrecktem Aluminium (— 192° C)

	Aluminium weich	Aluminium von 450° abgeschreckt	Änderung des Absolutbetrages in %
ρ in $10^{-7}\,\Omega$ cm	3,72	3,90	+ 4,8
A_H in 10^{-5} cm^3/Cb	— 2,05	— 2,05	0
$\frac{\rho_H - \rho_0}{\rho_0}$ in 10^{-4}	22,0	22,0	0
n_1 (— e/Atom)..........	1,0185	1,0160	— 0,24
b_1 in 10^2 cm$^2/V$. sec.....	2,415	2,326	— 3,7
σ_1 in $10^5\,\Omega^{-1}$ cm^{-1}	24,076	23,128	— 3,9
n_2 (+ e/Atom)	1,855 . 10^{-2}	1,600 . 10^{-2}	— 13,7
b_2 in 10^2 cm$^2/V$. sec.....	15,45	16,04	+ 3,8
σ_2 in $10^5\,\Omega^{-1}$ cm^{-1}	2,805	2,512	— 10,4

angegebene Kurve (Abb. 19) zeigt einen starken Abfall mit wachsender Temperatur (zwischen — 195 und — 182° C auf etwa 60%).

β) *Vergleich der bei — 192° C gemessenen Werte und der Elektronenstruktur für weiches und abgeschrecktes Aluminium.* In Tabelle VII sind die bei — 192° C gemessenen Werte und die daraus berechneten Parameter der Elektronenstruktur des weichen Aluminiums denen des von 450° C abgeschreckten gegenübergestellt. Wie aus der Tabelle ersichtlich, entsteht durch Abschrecken eine Erhöhung des elektrischen Widerstands, jedoch — zumindest bei der hier verwendeten Abschreckregie — keine meßbare Änderung von Hall-Konstante und magnetischer Widerstandserhöhung. Die Abnahme der partiellen Leitfähigkeit der Elektronen σ_1 wird — ähnlich wie bei kaltgewalztem Kupfer — außer durch eine kleine Abnahme der Anzahl der

Elektronen vor allem durch eine starke Abnahme der Beweglichkeit dieser Ladungsträger verursacht. Die etwa dreimal so große Abnahme der partiellen Leitfähigkeit der Löcher σ_2 wird trotz einer Zunahme der Beweglichkeit durch die große Abnahme der Anzahl dieser Ladungsträger bewirkt.

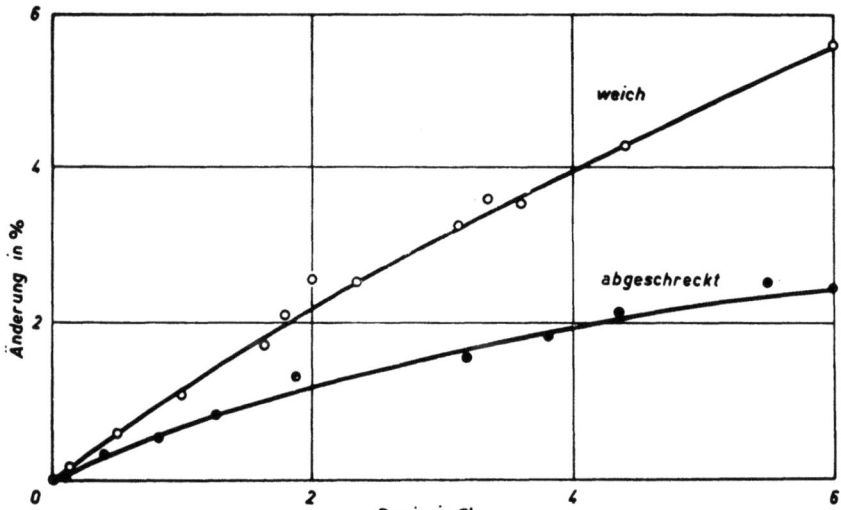

Abb. 20. Änderung des spez. Widerstandes von weichem und abgeschrecktem Aluminium durch α-Bestrahlung bei — 192° C.

b) Einfluß von α-Bestrahlung auf weiches und abgeschrecktes Aluminium

Als Ausgangsmaterial wurde weiches und von 450° C abgeschrecktes — also mit Leerstellen versehenes — Aluminium herangezogen, das bei einer Temperatur von — 192° C mit einer Gesamtdosis von 6 Ch α-bestrahlt wurde. Die Änderung der elektrischen Größen wurde während der Bestrahlungsdauer laufend gemessen. Die relative Änderung des spezifischen Widerstands als Funktion der Dosis ist in Abb. 20 aufgetragen. Beide Kurven scheinen einem Sättigungswert zuzustreben. Die Werte des abgeschreckten Materials sind nur etwa halb so groß wie die des weichen. In Abb. 21 sind die relativen Änderungen der Hall-Konstanten aufgetragen. Man erkennt eine Abnahme, die bei abgeschrecktem Material etwa dreimal so groß ist wie bei weichem Aluminium. Die

Einfluß von Punktdefekten auf die Elektronenstruktur 159

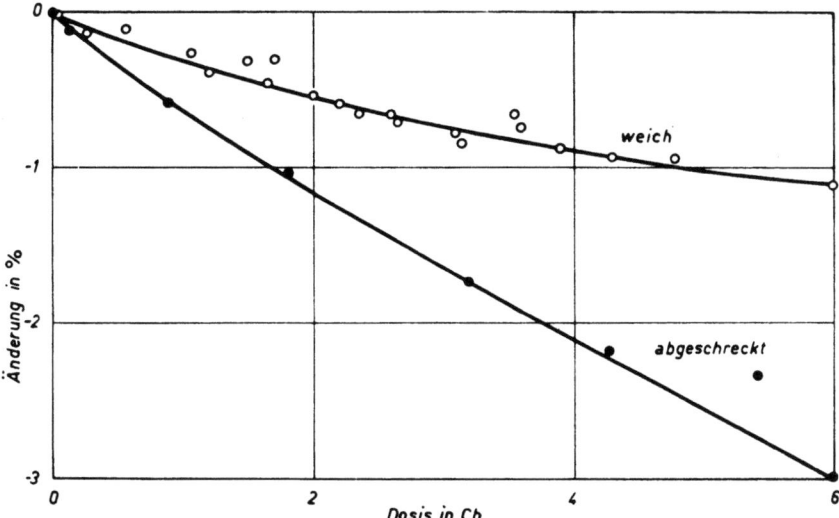

Abb. 21. Änderung der Hall-Konstante von weichem und abgeschrecktem Aluminium durch α-Bestrahlung bei − 192° C.

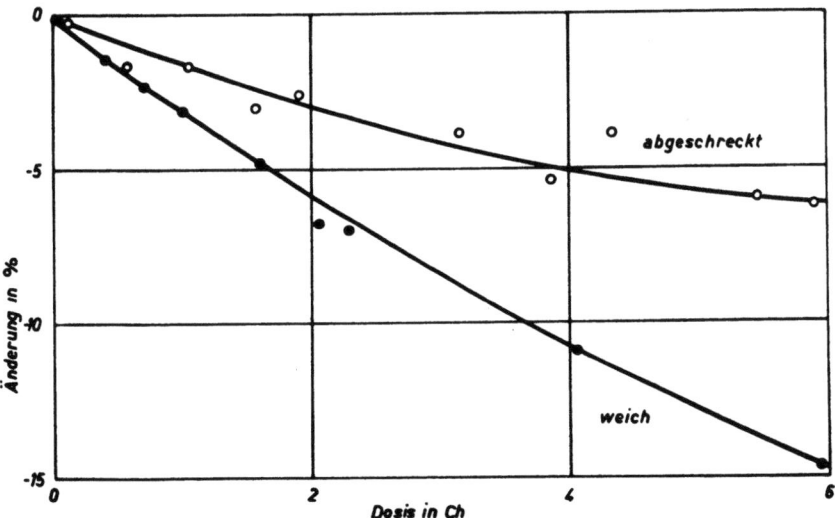

Abb. 22. Änderung der magnetischen Widerstandserhöhung von weichem und abgeschrecktem Aluminium durch α-Bestrahlung bei − 192° C und 8,59 $k\Gamma$.

Dosisabhängigkeit der magnetischen Widerstandserhöhung ist aus Abb. 22 zu entnehmen. Auch hier zeigt sich eine Abnahme, die jedoch für das abgeschreckte Aluminium etwa dreimal so groß ist wie für das weiche.

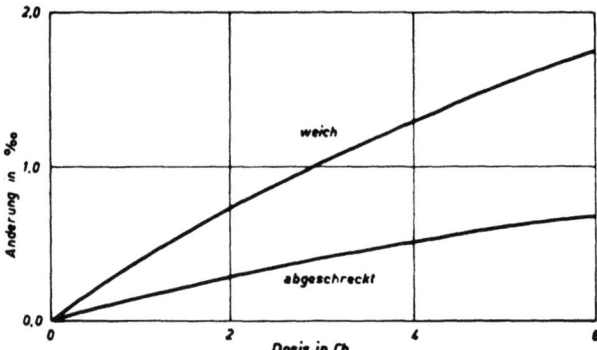

Abb. 23. Zunahme der Zahl der Elektronen/Atom durch α-Bestrahlung.

Die Dosisabhängigkeit der aus den gemessenen Werten errechneten Parameter der Elektronenstruktur ist aus den folgenden Bildern (Abb. 23, 24) zu entnehmen. Eine Abnahme zeigt sich sowohl für die Zahl der

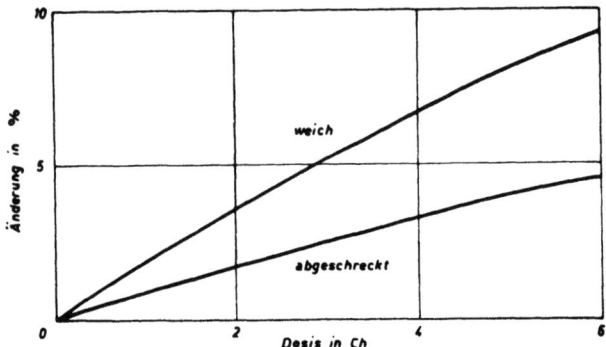

Abb. 24. Zunahme der Zahl der Löcher/Atom durch α-Bestrahlung.

Elektronen als auch für die der Löcher; für die Löcher ist sie jedoch etwa 50mal so groß wie für die Elektronen. Die für das abgeschreckte Material errechneten Werte ändern sich nur halb so stark wie die für das weiche Al erhaltenen. Das Verhalten der Beweglichkeiten ist aus den Abb. 25 und 26 ersichtlich. Die in allen Fällen auftretende Abnahme ist für die Löcher etwa doppelt so groß wie für die Elektronen. Die

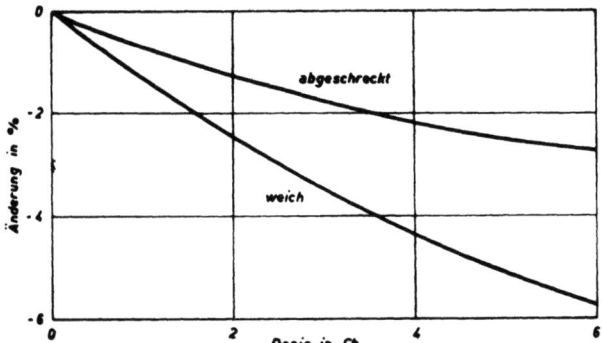

Abb. 25. Abnahme der Beweglichkeit der Elektronen b_1 durch α-Bestrahlung.

Werte des abgeschreckten Materials zeigen auch hier eine nur halb so große Änderung wie die des weichen Al.

Die Aufspaltung der Hall-Konstante A_H in je einen Beitrag für

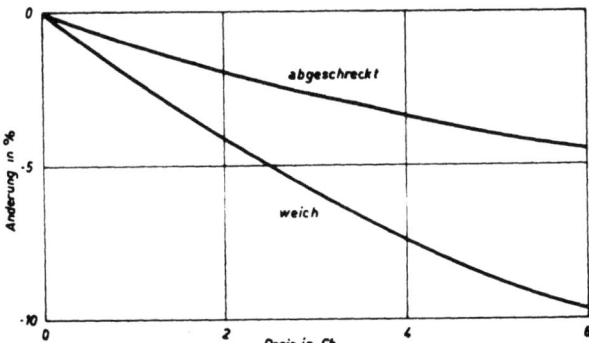

Abb. 26. Abnahme der Beweglichkeit der Löcher b_2 durch α-Bestrahlung.

Elektronen und Löcher ist in Abb. 27 dargestellt. Wie man sieht, nimmt der den Elektronen zugeordnete Anteil dem Betrag nach für weiches Material etwas stärker ab als für abgeschrecktes. Der Beitrag der Löcher nimmt für weiches Aluminium ab, für abgeschrecktes je-

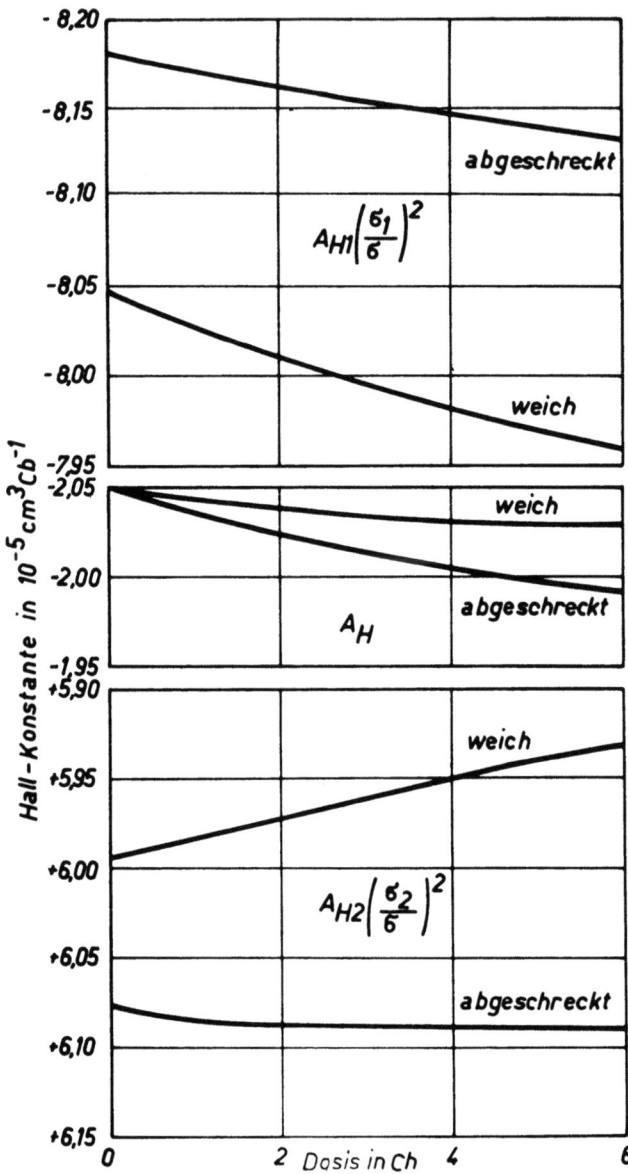

Abb. 27: Aufteilung der Hall-Konstante A_H von weichem und abgeschrecktem Aluminium als Funktion der Bestrahlungsdosis in einen Anteil der Elektronen $A_{H_1}(\sigma_1/\sigma)^2$ und der Löcher $A_{H_2}(\sigma_2/\sigma)^2$.

doch geringfügig zu. Dadurch wird es auch verständlich, warum die resultierende Hall-Konstante für weiches Material eine geringere Abnahme (dem Betrag nach) erfährt als für abgeschrecktes.

In Tabelle VIII sind die nach Bestrahlung mit einer Dosis von 6 Ch bei $-192°$ C erhaltenen Endwerte der gemessenen Größen und der errechneten Elektronenstrukturparameter des weichen bestrahlten

Tabelle VIII: Vergleich der Meßwerte und der Elektronenstruktur vom weichem und weichem, α-bestrahltem Aluminium ($-192°$ C)

	Aluminium weich	Aluminium weich bestrahlt mit $3,27 \cdot 10^{14}$ α/cm²	Änderung des Absolutbetrages in %
ρ in 10^{-7} Ω cm	3,720	3,919	+ 5,3
A_H in 10^{-5} cm³/Cb	$-$ 2,050	$-$ 2,028	$-$ 1,1
$\frac{\rho_H - \rho_0}{\rho_0}$ in 10^{-4}	22,0	18,8	$-$ 14,6
n_1 ($-e$/Atom)..........	1,0185	1,0203	+ 0,18
b_1 in 10^2 cm²/$V \cdot$ sec	2,415	2,278	$-$ 5,7
σ_1 in 10^5 Ω^{-1} cm^{-1}	24,076	22,746	$-$ 5,5
n_2 (+ e/Atom)..........	$1,855 \cdot 10^{-2}$	$2,027 \cdot 10^{-2}$	+ 9,3
b_2 in 10^2 cm²/$V \cdot$ sec	15,45	13,95	$-$ 9,7
σ_2 in 10^5 Ω^{-1} cm^{-1}	2,805	2,768	$-$ 1,3

Aluminiums denen des weichen unbestrahlten gegenübergestellt. Die entsprechenden Vergleichswerte für abgeschrecktes bzw. abgeschrecktes und bestrahltes Aluminium sind aus Tabelle IX zu ersehen. Die Dosis von 6 Ch entspricht einer Gesamtzahl von $7,98 \cdot 10^{14}$ α-Teilchen. Bei der vorliegenden Probengeometrie entspricht dies einer Flächendosis von $3,27 \cdot 10^{14}$ α-Teilchen pro cm² der bestrahlten Folie, bzw. einer Volumsdosis von $1,36 \cdot 10^{17}$ α-Teilchen pro cm³ (bei einer Folienstärke von 24 μ).

Durch Bestrahlung der weichen Aluminiumfolie (Tab. VIII) erhöht sich der spezifische Widerstand, die Hall-Konstante nimmt ab und die magnetische Widerstandserhöhung wird stark vermindert. Die Verminderung der partiellen Leitfähigkeit der Elektronen σ_1 wird bei einer geringen Vermehrung der Elektronzahl durch die Abnahme der Elektronenbeweglichkeit verursacht. Die wesentlich kleinere Abnahme der partiellen Leitfähigkeit der Löcher σ_2 erklärt sich dadurch, daß eine Abnahme der Beweglichkeit durch eine Zunahme der Ladungsträgerzahl zum Teil kompensiert wird[1].

Die bei der abgeschreckten Folie (Tab. IX) beobachtete Änderung von Widerstand und magnetischer Widerstandserhöhung erfolgt in derselben Richtung, ist jedoch nur etwa halb so groß wie bei der weichen

Tabelle IX: Vergleich der Meßwerte und der Elektronenstruktur von abgeschrecktem und abgeschrecktem, α-bestrahltem Aluminium ($-192°$ C)

	Aluminium abgeschreckt	Aluminium abgeschreckt, bestrahlt $3{,}27 \cdot 10^{14}$ α/cm²	Änderung des Absolutbetrages in %
ρ in 10^{-7} Ωcm	3,900	3,997	+ 2,5
A_H in 10^{-5} cm³/Cb	− 2,050	− 1,989	− 3,0
$\frac{\rho_H - \rho_0}{\rho_0}$ in 10^{-4}	22,0	20,6	− 6,4
n_1 ($-e$/Atom)..........	1,0160	1,0168	+ 0,07
b_1 in 10^2 cm²/V · sec	2,326	2,262	− 2,75
σ_1 in 10^5 Ω^{-1}cm^{-1}	23,128	22,508	− 2,7
n_2 ($+e$/Atom)..........	$1{,}600 \cdot 10^{-2}$	$1{,}675 \cdot 10^{-2}$	+ 4,7
b_2 in 10^2 cm²/V · sec	16,04	15,31	− 4,5
σ_2 in 10^5 Ω^{-1}cm^{-1}	2,5124	2,5109	− 0,06

Probe. Die bei der abgeschreckten Probe beobachtete Abnahme der Hall-Konstante ist jedoch fast dreimal so groß wie die bei der weichen Probe erhaltene. Die gegenüber der weichen Probe nur halb so große Abnahme der partiellen Leitfähigkeit der Elektronen wird zum über-

---

[1] Die für weiches und α-bestrahltes Aluminium berechneten Werte (Tab. VIII) unterscheiden sich von früher gemachten Angaben [12], die zwar in bezug auf die Entstehung des Bestrahlungseffekts ein qualitativ richtiges Bild liefern, jedoch als überholt angesehen werden können, da damals zur Berechnung der Elektronenstruktur (Kap. III) statt der jetzigen drei nur zwei gemessene Effekte — Widerstand und Hall-Konstante — zur Verfügung standen. Als dritte Größe wurde damals die Feldabhängigkeit der Hall-Konstante herangezogen, deren Wert (mit unseren Mitteln bis jetzt nicht meßbar) aus der Literatur [42] entnommen und von dem angenommen wurde, daß er durch Bestrahlung nicht verändert wird — eine Annahme, die nach einer auf Grund der dargelegten Ergebnisse erfolgten Abschätzung nicht aufrechterhalten werden kann.

wiegenden Teil durch eine Abnahme der Beweglichkeit hervorgerufen. Die Abnahme der partiellen Leitfähigkeit der Löcher σ_2 ist hier nur verschwindend klein, da eine Abnahme der Beweglichkeit b_2 praktisch durch eine Zunahme der Ladungsträgerzahl n_2 kompensiert wird.

VI. Diskussion und Deutung der Versuchsergebnisse

Wie schon eingangs geschildert (Kap. I), entsteht durch Schaffung einer Leerstelle im wesentlichen eine Auflockerung des Kristallgitters in der Umgebung dieses Defekts. Das entspricht aber einer Vergrößerung des mittleren Atomabstandes und, nach dem Bändermodell, einer Verringerung der Überlappung der Energiebänder. Die Elektronenkonfiguration wird der des freien Atoms angenähert, und die Zahl der zur elektrischen Leitung verfügbaren Ladungsträger nimmt ab. Bei Einbau eines Zwischengitteratoms tritt eine Verdichtung des Gitters in der Umgebung des Defekts auf, gleichbedeutend mit einer Verringerung des Atomabstandes. Die Bandüberlappung nimmt zu und die Zahl der zur elektrischen Leitung verfügbaren Ladungsträger steigt an. Ein Vergleich mit den experimentellen Ergebnissen zeigt, daß sowohl durch Kaltbearbeitung des Kupfers (Tab. V) als auch durch Abschrecken des Aluminiums (Tab. VII), wodurch ja vor allem Leerstellen[2] eingebracht wurden, die Zahl der Ladungsträger abnimmt. Bei α-Bestrahlung, durch die vornehmlich Frenkel-Defekte erzeugt werden, tritt in allen untersuchten Fällen (siehe die Tab. VI, VIII und IX) eine Vermehrung der Zahl der Ladungsträger auf. Da ja Frenkeldefekte aus Zwischengitteratomen und Leerstellen in gleicher Anzahl bestehen, kann daraus der Schluß gezogen werden, daß der Einfluß der Zwischengitteratome den der Leerstellen überwiegt. Dies steht in guter Übereinstimmung mit in Kap. I angeführten Berechnungen, die gezeigt haben, daß durch ein Zwischengitteratom größere Gitterverzerrungen verursacht werden als durch eine Leerstelle. Vergleicht man zwischen den Ergebnissen für weiches Aluminium (Tab. VIII, 1. Spalte) und für sowohl abgeschrecktes als auch bestrahltes Metall (Tab. IX, 2. Spalte), so erkennt man, daß die Ladungsträgerzahlen trotz des Einbaus von Frenkeldefekten abgenommen haben. Das kommt daher,

---

[2] Der Einfluß der Versetzungen auf das elektrische Verhalten kann gegenüber dem der Punktdefekte als klein angesehen werden [40].

daß die Zahl der durch Abschreckbehandlung eingebauten Leerstellen fast fünfmal so groß ist wie die Zahl der durch α-Bestrahlung eingebrachten Frenkeldefekte (Zahlenwerte siehe S. 168 oben).

Bei Betrachtung der Beweglichkeiten müssen zwei verschiedene Einflüsse berücksichtigt werden. Einerseits wird nach dem Energiebändermodell durch eine Verminderung der Ladungsträgerzahl eine Vergrößerung und durch Vermehrung der Ladungsträgerzahl eine Verkleinerung der Beweglichkeiten verursacht, andererseits bewirkt der Einbau jeder Art von Fehlstellen durch Störung der Gitterperiodizität eine Verminderung der Beweglichkeiten. Es hängt nun außer vom Störungszustand auch von der Größe der Änderung der entsprechenden Ladungsträgerzahl ab, welcher der beiden obgenannten Einflüsse auf die Beweglichkeit das Übergewicht gewinnt. Im Fall der Elektronen sind alle beobachteten Änderungen der Ladungsträgerzahl klein. Deshalb bleibt auch der dadurch hervorgerufene Beitrag der Beweglichkeitsänderung klein gegenüber dem beweglichkeitsvermindernden Einfluß der Gitterstörung. Für die Defektelektronen ergeben sich in allen beobachteten Fällen erheblich größere Änderungen der Ladungsträgerzahl. Beim Einbau von Leerstellen (kaltbearbeitetes Cu — Tab. V, und abgeschrecktes Al — Tab. VII) nimmt die Zahl der Defektelektronen stark ab, und die dadurch entstehende Vergrößerung der Beweglichkeit überwiegt den beweglichkeitsmindernden Einfluß der Gitterstörung. Durch α-Bestrahlung tritt in allen Fällen (Cu — Tab. VI, Al — Tab. VIII und IX) eine Erhöhung der Zahl der Defektelektronen auf. Die dadurch hervorgerufene Beweglichkeitsverminderung addiert sich zu der durch die Gitterstörung entstandenen Verminderung. Es muß also auf jeden Fall eine Beweglichkeitsverminderung eintreten, die im Vergleich zur Änderung der Ladungsträgerzahl n_2 größer ist als die Beweglichkeitszunahme, die beim Einbau von Leerstellen entsteht. Wie aus den Tabellen (V und VI für Cu, bzw. VII, VIII und IX für Al) ersichtlich, trifft dies auch tatsächlich zu.

Die partiellen Leitfähigkeiten σ_1 und σ_2 hängen als Produkte von Ladungsträgerzahlen und Beweglichkeiten nicht in einfacher Weise mit dem Störungszustand des Metalls zusammen. Es ist jedoch von gewissem Interesse, die Zusammensetzung der entstandenen Leitfähigkeitsänderungen aus den Beiträgen der beiden Leitungsmechanismen zu betrachten (Tab. X).

Wie man sieht, ist der größere Teil der entstandenen Änderungen der Leitfähigkeit den Elektronen zuzuschreiben. Dies kommt daher, daß bei Kupfer 95% und bei Aluminium 89% der Gesamtleitfähigkeit durch Elektronen bewirkt wird. Da sich aber die Anzahl der Elektronen nur geringfügig ändert, beruht die Änderung der Elektronenleitfähigkeit hauptsächlich auf einer Änderung der Beweglichkeit. Trotzdem

Tabelle X: Aufteilung der beobachteten Leitfähigkeitsänderungen $\Delta\sigma$ in Beiträge der Elektronen $\Delta\sigma_1$ und der Löcher $\Delta\sigma_2$

Änderung gegenüber dem weichen Ausgangsmaterial		Bearbeitungsart			
		kaltbearbeitet	weich bestrahlt	abgeschreckt	abgeschreckt + bestrahlt
Kupfer	$\Delta\sigma$	− 24,0%	− 4,0%		
	$\Delta\sigma_1$	− 20,7%	− 4,3%		
	$\Delta\sigma_2$	− 3,3%	+ 0,3%		
Aluminium	$\Delta\sigma$		− 5,10%	− 4,6%	− 6,9%
	$\Delta\sigma_1$		− 4,95%	− 3,5%	− 5,8%
	$\Delta\sigma_2$		− 0,15%	− 1,1%	− 1,1%

ist der Beitrag der Löcherleitung keineswegs vernachlässigbar klein (siehe Tab. X), so daß Berechnungen, die nur die Elektronenbeweglichkeit, nicht aber die Änderung der Konzentration und Beweglichkeit der Defektelektronen berücksichtigen, nur erste Näherungswerte liefern können.

Um zu einer abschätzenden Berechnung über die Zahl der bei den verschiedenen Beeinflussungen erhaltenen Defektkonzentrationen zu kommen, wird die jeweils erhaltene Widerstandserhöhung durch die Widerstandserhöhung für einen einzelnen Defekt dividiert. Die zur Berechnung verwendeten Werte der Widerstandserhöhung pro Defekt sind aus der ersten Zeile der Tab. III zu entnehmen. Die Werte für Kupfer sind von Dexter [33] theoretisch berechnet. Für Aluminium liegt nur ein experimentell von Nenno und Kauffmann [32] bestimmter Wert für Leerstellen vor, die fehlenden Werte wurden, da Aluminium und Kupfer die gleiche Gitterstruktur besitzen, analog den Werten des Kupfers ergänzt.

Für 95% kaltgewalztes Kupfer ergibt sich eine Leerstellendichte von $1,67 \cdot 20^{20}$ Leerstellen/cm^3. Für von 450°C abgeschrecktes Aluminium $7,8 \cdot 10^{18}$ Leerstellen/cm^3.

Bei Anwendung einer Volumsbestrahlungsdosis von $6,6 \cdot 10^{17}$ α-Teilchen/cm^3 ergibt sich in Kupfer eine Konzentration von $8,8 \cdot 10^{18}$ Frenkeldefekten/cm^3. Bei Bestrahlung von weichem Aluminium mit $1,4 \cdot 10^{17}$ α-Teilchen/cm^3 erhält man $3,5 \cdot 10^{18}$ Frenkeldefekte pro cm^3. Bestrahlung von abgeschrecktem Aluminium mit der gleichen Dosis ergibt jedoch nur $1,6 \cdot 10^{18}$ Frenkeldefekte/cm^3. Berechnet man weiters die Anzahl der von einem α-Teilchen erzeugten Frenkeldefekte, so erhält man für Kupfer im Mittel 13 Defekte/α-Teilchen. Für weiches Aluminium ergeben sich 25 Defekte/α-Teilchen, für abgeschrecktes und bestrahltes Aluminium jedoch nur 12. Das erklärt sich dadurch, daß abgeschrecktes Al bereits eine erhebliche Menge von Leerstellen enthält. Werden nun Frenkeldefekte eingebracht, so rekombiniert ein Teil der gebildeten Zwischengitteratome mit den bereits vorhandenen Leerstellen. Von den auf diese Art zerstörten Frenkeldefekten bleiben jedoch gleich viele Leerstellen zurück, wie von den ursprünglich vorhandenen durch Rekombination verlorengegangen sind. Die Wirkung dieses Vorgangs muß also etwa die gleiche sein, als wären bei konstanter Zahl der ursprünglichen Leerstellen weniger Frenkeldefekte eingebracht worden. Da, wie oben angegeben, in abgeschrecktem und bestrahltem Material durch ein α-Teilchen nur etwa halb so viele Frenkeldefekte entstehen wie in weichem Aluminium, müßte bei gleicher Bestrahlungsdosis zumindest die Änderung der Ladungsträgerzahlen n_1 und n_2 für abgeschrecktes und bestrahltes Al nur etwa halb so groß sein wie für weiches Al. Wie aus den dritten Spalten der Tab. VIII und IX zu entnehmen, ist dies tatsächlich der Fall. Die für Kupfer und Aluminium erhaltenen Zahlen von Frenkeldefekten für ein α-Teilchen können unter Berücksichtigung einer bei der verwendeten Versuchstemperatur noch relativ großen Rekombinationswahrscheinlichkeit als brauchbar angesehen werden.

Weiters kann noch der Einfluß eines eingebauten Defekts auf die Zahl der zur elektrischen Leitung verfügbaren Ladungsträger berechnet werden. Dazu muß die Änderung der Zahl der Ladungsträger pro cm^3 durch die Zahl der Defekte pro cm^3 dividiert werden. Die erhaltenen Ergebnisse sind in Tab. XI zusammengestellt.

Die für die Zwischengitteratome enthaltenen Werte wurden unter der Annahme gewonnen, daß sich der Einfluß eines Frenkeldefekts aus den Anteilen von Leerstelle und Zwischengitteratom additiv zu-

Tabelle XI: Änderung der Zahlen der Ladungsträger pro eingebautem Defekt

	Kupfer	Aluminium
Leerstelle	− 5	− 19
Zwischengitteratom	+ 41	+ 48
Frenkeldefekt	+ 36	+ 29

sammensetzt [33, 38]. Wie man sieht, überwiegt der Beitrag der Zwischengitteratome in Übereinstimmung mit den früher gezeigten Ergebnissen gegenüber dem der Leerstellen. Der größere Einfluß der Leerstellen im Aluminium läßt sich aus der gegenüber dem Kupfer größeren Überlappung der Energiebänder verstehen. Bei stärkerer Bandüberlappung ruft eine Vergrößerung des Atomabstands, wie er ja beim Einbau von Leerstellen entsteht, größere Wirkungen hervor als bei geringer Überlappung. Die in der Tabelle angegebenen Änderungen der Ladungsträgeranzahlen beziehen sich auf den ganzen gestörten Bereich um die betrachtete Fehlstelle, der, wie in Kap. I. gezeigt, eine erhebliche Zahl von Atomen umfassen kann. Die auf ein Atom im gestörten Bereich entfallende Änderung der Ladungsträger ist trotzdem kleiner als eins.

Zusammenfassung

Punktdefekte, deren Eigenschaften und Erzeugungsarten beschrieben werden, beeinflussen eine ganze Reihe von Eigenschaften der Metalle. Untersuchungsverfahren zur Feststellung von Fehlstellen erlauben es meist nicht, die Art der eingebauten Defekte zu erkennen. Ziel dieser Arbeit war es daher, festzustellen, ob die aus elektrischen Größen errechenbare Elektronenstruktur von Kupfer und Aluminium durch Einbau von Punktdefekten geändert wird und ob Unterscheidungsmerkmale für die einzelnen Arten der Punktdefekte erkennbar werden. Zu diesem Zweck wird die Elektronenstruktur der beiden Metalle kurz charakterisiert und ein Verfahren angegeben, aus den Größen elektrischer Widerstand, Hall-Konstante und magnetische Widerstandserhöhung mit Hilfe eines Zweibandmodells nach Wilson die Anzahlen von Elektronen und Defektelektronen sowie die Beweglichkeiten dieser Ladungsträger zu berechnen. Eine experimentelle Anordnung zur Messung obgenannter elektrischer Größen bei tiefen Temperaturen wird beschrieben. Zur Einbringung von Fehlstellen wird weiches Kupfer kaltbearbeitet und weiches Kupfer bei $-192°$C α-bestrahlt. Weiches Aluminium wird von $450°$C abgeschreckt und sowohl weiches als auch abgeschrecktes Aluminium α-bestrahlt. Die Parameter der Elektronenstruktur werden sowohl für die weichen Ausgangsmaterialien als auch für die verschiedenen Störungszustände berechnet und miteinander verglichen. Es ergibt sich, daß durch Einbau von Leerstellen die Anzahlen der Ladungsträger in jedem Fall abnehmen. Durch Einbau von Frenkeldefekten tritt eine Zunahme der Ladungsträgerzahlen auf, die dem überwiegenden Einfluß der eingebauten Zwischengitteratome zugeschrieben wird. Die Änderungen der Beweglichkeiten der Ladungsträger werden auf zwei Einflüsse zurückgeführt: 1. wird die Beweglichkeit durch Veränderung der Anzahl der entsprechenden Ladungsträger geändert; 2. wird durch den Einbau eines Defekts das periodische Gitterpotential des Kristalls gestört und dadurch die Beweglichkeit in jedem Fall herabgesetzt. Die aus den Meßwerten berechneten Beweglichkeiten entsprechen dieser Vorstellung. Die durch die verschiedenen Behandlungsverfahren der Proben erhaltenen Leitfähigkeitsänderungen werden in Beiträge der Elektronen- und Löcherleitung aufgeteilt. Der für die Löcher errechnete Beitrag ist in jedem Falle kleiner als der für die Elektronen angegebene. Die Änderung der partiellen Leitfähigkeit der Elektronen beruht zum überwiegenden Teil auf einer Herabsetzung der Elektronenbeweglichkeit. Die Anzahlen der eingebauten Defekte werden näherungsweise berechnet, ebenso die Zahl der durch den Einbau eines Defekts verschwindenden oder hinzukommenden Ladungsträger. Auch hier zeigt sich ein Überwiegen des Einflusses der Zwischengitteratome gegenüber dem der Leerstellen.

Es konnte in dieser Arbeit gezeigt werden, daß verschiedene Arten von Punktdefekten, die durch Korpuskularbestrahlung, Kaltbearbeitung und Abschreckbehandlung planmäßig eingebracht wurden, die Elektronenstruktur von Metallen in unterschiedlicher Weise beeinflussen. Für Kupfer und Aluminium konnte die Bedeutung von eingebrachten Leerstellen und Zwischengitteratomen quantitiv angegeben werden, wodurch ein Beitrag zur Klärung eines wichtigen und schwierigen Problems der Festkörperphysik geleistet erscheint.

Literatur

[1] Hall, G. L.: J. Phys. Chem. of Solids **3**, 210 (1957).
[2] Kinchin, G. H. und R. S. Pease: J. Nuclear Energy **1**, 200 (1955).
[3] Bueren, H. G. van: Philips Research Reports **12**, 1 (1957).
[4] Friedel J.: „Les Dislocations" Gauthier-Villars, Paris (1956).
[5] Zener C.: „Imperfections in nearly perfect cristals" John Wiley and Son (1952).
[6] Broom, T., and R. K. Ham: „Vacancies and other point defects in metals and alloys". The Institute of Metals No. 23 (1958).
[7] Cotrell, A. H.: „Vacancies and other point defects in metals and alloys". The Institute of Metals No. 23 (1958).
[8] Bueren, H. G. van: „Imperfections in Crystals". North-Holland Publishing Comp. Amsterdam (1960).
[9] Vook, R. W., and C. A. Wert: Phys. Rev. **109**, 1529 (1958).
[10] Tucker, C. W., and J. B. Sampson: Acta Met. **2**, 433 (1954).
[11] Blatt, F. J.: Phys. Rev. **103**, 1905 (1956).
[12] Kapp, W., und F. Stangler: Z. Phys. **154**, 486 (1959).
[13] Dittmer, G., und F. Stangler: Anz. d. Österr. Akad. d. Wissensch., Math.-nat. Kl. **98**, 130 (1961).
[14] Hume-Rothery, W.: „Atomic theory for students of metallurgy". The Institute of Metals (1955).
[15] Heine, V.: Proc. Roy. Soc. (London) A **240**, 361 (1957).
[16] Harrison, W. A.: Phys. Rev. **118**, 1182 (1960).
[17] Beattie, J. R.: Physica **23**, 898 (1957).
[18] Wilson, A. H.: „The theory of metals" Cambridge University Press (1958).
[19] Sondheimer, E. H., und A. H. Wilson: Proc. Roy. Soc. A **190**, 435 (1947).
[20] Klauder, J. R., and J. E. Kunzler: „The Fermi Surface". J. Wiley & Sons N. Y., London (1960).
[21] Slater, J. C.: Phys. Rev. **49**, 537 (1936).
[22] Hume-Rothery, W.: „Electrons, atoms, metals and alloys" Metal Industry (Louis Cassier Co. Ltd) (1948).
[23] — J. of the Inst. of Metals **62**, 42 (1961).
[24] Lautz, G., und E. Tittes: Z. F. Naturf. **13 a**, 866 (1958).
[25] Landolt-Börnstein: „Zahlenwerte und Funktionen". Bd. 2, 6. Teil, Abschn. 2711; 6. Auflage Springer (1959).
[26] Pawlek, F., und K. Reichel: Z. f. Metallkde. **47**, 347 (1956).
[27] Hess, E. G., und F. Pawlek: Z. f. Metallkde. **50**, 57 (1959).
[28] Kohler, M.: Ann. d. Phys. **34**, 23 (1939).
[29] Frank, N. H.: Appl. Sci. Res. **B 11**, 379 (1958).

[30] Berlincourt, T. G.: Phys. Rev. **112**, 381 (1958).
[31] Frank, V.: Appl. Sci. Rev. Section **B 7**, 41 (1959).
[32] Nenno, S., und J. W. Kauffman: Phil. Mag. VIII. **4**, 1382 (1959).
[33] Dexter, D. L.: Phys. Rev. **87**, 768 (1952).
[34] Bradshaw, P. J., and S. Pearson: Phil. Mag. VIII. **2**, 570 (1957).
[35] Meechan, C. J., and R. R. Eggleston: Acta Met. **2**, 680 (1954).
[36] Huntington, H. B.: Phys. Rev. **91**, 1092 (1953).
[37] — und F. Seitz: Phys. Rev. **61**, 311 (1941).
[38] Jongenburger, P.: Nature **175**, 545 (1955).
[39] Overhauser, A. W., und G. R. Gorman: Phys. Rev. **102**, 676 (1956).
[40] Bueren, H. G. van: Z. F. Metallkde. **46**, 272 (1955).
[41] Bartlett, J. H., und G. J. Dienes: Phys. Rev. **89**, 848 (1953).
[42] Borowik, E. S.: J. Eksp. Teor. Phys. USSR. **23**, 83 (1952).

Hawliczek F.: Über die Verwendung des Elektrokardiographen als Registriergerät in der Radiokardiographie (mit 3 Abbildungen), MIR Nr. 486, 4 Seiten. S 4.—

Hießberger F. und Karlik Berta: Weitere Untersuchungen über das Astatisotop 218 (mit 7 Abbildungen), MIR Nr. 487, 13 Seiten. S 8.30

Lang K.: Die spektrale Energieverteilung einer Neonlinie bei verschiedenen Entladungsbedingungen (mit 7 Abbildungen) 22 Seiten. S 13.80

Schneider W. und Matitsch T.: Eine photographische Methode zur quantitativen Bestimmung von Actinium (mit 3 Abbildungen), MIR Nr. 488, 19 Seiten. S 6.30

Tungl E.: Anschluß von Stäben mit [-Querschnitt (mit 3 Abbildungen), 9 Seiten. S 10.60

Wänke H.: Ein elektronisch-optisches Verfahren zur Aufzeichnung der Amplitudenverteilung elektrischer Impulse (mit 16 Abbildungen), MIR Nr. 489. 22 Seiten. S 13.50

Weinzierl P.: Herstellung linearer RaDE-Präparate aus hochgereinigter Radiumemanation (mit 2 Abbildungen), MIR Nr. 493, 12 Seiten. S 9.—

1953 (S II a, Bd. 162):

Blöch R.: Die Bildung von Oberflächenkristallen auf Alkalihalogeniden, Fluorit und Kalzit bei Bestrahlung mit Polonium (mit 4 Abbildungen), MIR Nr. 494. S 8.20

Drexler O.: Die Farbzentrenausbeute in Steinsalz für β-Strahlen mittlerer Energie (mit 8 Abbildungen), MIR Nr. 498. S 12.—

Herglotz H.: Zur sekundären Erregung des Chrom-$K\alpha_3$-Satelliten (mit 11 Abbildungen) S 12.80

Pohl E.: Ein neues Emanometer für Präzisionsmessungen mit vielseitiger Verwendungsmöglichkeit (mit 5 Abbildungen). Mitteilung aus dem Forschungsinstitut Gastein Nr. 88. S 12.40

Przibram K.: Über die Farb-Bänderung des Fluorits (mit 3 Abbildungen), MIR Nr. 497. S 10.90

Tomiser J.: Analyse von Sulfonamidgemischen mit Hilfe des Ramaneffektes (mit 9 Abbildungen). S 14.60

Tomiser J.: Ramanspektren von Sulfonamiden (mit 21 Abbildungen). S 47.20

Treitl K.: Über die Verfärbung von NaCl, KCl und CaF_2 mit Kathodenstrahlen (mit 8 Abbildungen), MIR Nr. 500. S 8.90

1954 (S II, Bd. 163):

Glaser W.: Licht und Materie in einheitlicher Deutung. S 52.—

Pohl E. und Pohl Rüling Johanna: Radioaktive Luftmessungen im Raum von Badgastein und Böckstein (mit 4 Abbildungen). S 14.80

Pohl-Rüling Johanna: Über die Durchlässigkeit von Gummi und Plastikstoffen für Radium-Emmanation (mit 1 Abbildung). S 4.—

Pohl-Rüling Johanna und Pohl E.: Neue Bestimmungen des Radium- und Radongehaltes einiger Austritte der Gasteiner Therme. S 5.—

Przibram K.: Über die Verteilung von Farbzentren und anderen Störungen in natürlichen Steinsalzkristallen (mit 5 Abbildungen) MIR Nr. 503. S 6.60

Schmid E. und Lintner K.: Über die Bedeutung eines Bombardements mit Korpuskularstrahlen für die Plastizität von Metallkristallen (mit 5 Abbildungen). S 12.—

1955 (S II, Bd. 164):

Blaha F.: Einige Wachstumsformen von Cd-Kristallen (mit 10 Abbildungen). S 9.—

Hawliczek F: Stabilisierte Impulshochspannungsgeneratoren zum Betrieb von Geiger-Müller-Zählern und Szintillationszählern (mit 7 Abbildungen), MIR Nr. 508. S 13.40

Koller K.: Der Atomkern als Elektronenkristall (mit 2 Abbildungen). S 18.—

Koller K.: Der Atomkern als Elektronenkristall, II. Mitteilung (mit 3 Abbildungen). S 10.—

Matiasek Christine: Untersuchungen des Spektrums der Konversionselektronen von Actinium X mit der photographischen Methode (mit 3 Abbildungen), MIR Nr. 511. S 7.90

Matitsch T.: Weitere Versuche zur Entschleierung von β-empfindlichen Emulsionen, MIR Nr. 513. S 4.90

Polak A.: Messungen der elektrischen Leitfähigkeit der Luft in Badgastein. S 16.70

Schedling J. A. und Wein J.: Differentialthermoanalytische Untersuchungen an $CaSO_4 . 2H_2O$ und seinen durch Entwässerung entstehenden Folgeprodukten (mit 6 Abbildungen). S 13.—

Tisljar-Lentulis G. und Weinzierl P.: Über eine Methode zur Messung extremer Intensitätsrelationen zwischen positiven und negativen Elektronen (mit 5 Abbildungen), MIR Nr. 510. S 11.—

MIX
Papier aus verantwortungsvollen Quellen
Paper from responsible sources
FSC® C105338

If you have any concerns about our products,
you can contact us on
ProductSafety@springernature.com

In case Publisher is established outside the EU,
the EU authorized representative is:
**Springer Nature Customer Service Center GmbH
Europaplatz 3, 69115 Heidelberg, Germany**

Printed by Libri Plureos GmbH
in Hamburg, Germany